全国高等农林院校"十三五"规划教材

畜禽遗传资源
保护与利用

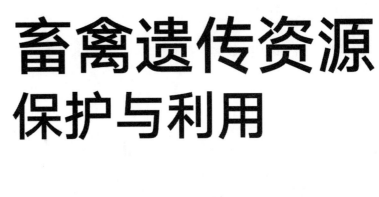

全国畜牧总站　组编

刘丑生　刘刚　皆林森　方美英　主编

中国农业出版社
北　京

图书在版编目（CIP）数据

畜禽遗传资源保护与利用 / 全国畜牧总站组编；刘丑生等主编 . —北京：中国农业出版社，2021.10
全国高等农林院校"十三五"规划教材
ISBN 978 - 7 - 109 - 28867 - 6

Ⅰ.①畜… Ⅱ.①全… ②刘… Ⅲ.①畜禽—种质资源—资源保护—高等学校—教材②畜禽—种质资源—资源利用—高等学校—教材 Ⅳ.①S813.9

中国版本图书馆 CIP 数据核字（2021）第 212248 号

中国农业出版社出版

地址：北京市朝阳区麦子店街 18 号楼
邮编：100125
责任编辑：何　微
版式设计：杨　婧　责任校对：沙凯霖
印刷：中农印务有限公司
版次：2021 年 10 月第 1 版
印次：2021 年 10 月北京第 1 次印刷
发行：新华书店北京发行所
开本：787mm×1092mm　1/16
印张：11.5
字数：265 千字
定价：34.00 元

编 委 会 名 单

编审人员名单

主　　编　刘丑生　刘　刚　昝林森　方美英

副 主 编　刘小林　赵永聚　张桂香　朱芳贤　孟　飞

编写人员（按姓氏笔画排序）

于太永　马友记　马金星　王　静　王克君

王洪宝　王维民　孔学民　卢增奎　史建民

史新平　付言峰　白文娟　冯海永　成　功

曲　亮　刘小红　刘永斌　刘剑锋　刘婷婷

许海涛　孙　伟　孙从佼　苏红田　李　姣

李安宁　李竞前　杨武才　邱小田　何　丽

何珊珊　张子军　陆　健　陈建坡　郑麦青

赵凤茹　赵春平　赵俊金　赵桂苹　赵倩君

柳珍英　段忠意　姜勋平　贺　花　徐　杨

郭江鹏　高会江　梅楚刚　曹顶国　隋鹤鸣

韩　旭　薛　明　魏彩虹

主　　审　孙飞舟　于福清

前言

　　畜禽遗传资源是重要的生物资源，是生物多样性的重要组成部分，也是生态系统的有机组成。畜禽遗传资源保护是关系到养殖业持续发展和生物多样性的重大问题。随着现代超低温冷冻生物技术的兴起和广泛应用，畜禽保种技术日新月异，有关畜禽遗传资源保种技术的研究也突飞猛进。因此，我们以《国务院办公厅关于加强农业种质资源保护与利用的意见》（国办发〔2019〕56 号）文件为纲领，在论述传统畜禽保种体系机制和技术理论的基础上，结合当前畜禽资源保护理论和技术，编写了本书。

　　本书不仅介绍了我国畜禽遗传资源保护与利用方面的政策和法律法规体系以及我国畜禽遗传资源保种体系的相关内容，同时涵盖了畜禽遗传资源保护与利用现状、开发利用成效等。本书可作为动物科学本科专业教学用书，还可作为从事畜禽遗传资源保护与利用技术人员的适合读物，对于从事畜禽遗传资源保护与利用管理人员也是一本有益的参考书。

　　尽管我们已经做出最大的努力，但是书中仍难免有不足之处，敬请大家批评指正。

编委会

2021 年 8 月

CONTENTS / 目 录

第一章 概　述

第一节　畜禽遗传资源保护的意义

畜禽遗传资源是重要的生物资源，是生态系统的有机组成。畜禽遗传资源保护是关系养殖业可持续发展的生物多样性的重大问题。在人类生活中，畜禽以肉、奶、蛋、毛、皮等形式满足了人类 30%～40% 的需求，这些都来源于 40 多个畜禽种类约 4 500 个畜禽品种，它们是人类社会现在和未来不可缺少的重要资源，因此保护畜禽遗传资源具有重要的意义。

（一）畜禽遗传资源是保障国家重要畜产品供给的战略性资源

畜禽遗传资源是一种珍贵的自然资源，也是畜牧业生产和发展的基础和保证。畜禽品种是长期自然选择和人工选择的结晶，是在特定的自然和社会经济条件下形成的，在 12 000 年前，人类开始利用畜禽进行役用和提供食物、皮毛、纤维及其他用途时，大约有 40 种哺乳动物和鸟类被驯养，它们对于农业生产和食物供给发挥了非常重要的作用。当今世界 90% 的畜牧生产来源于 14 个畜禽物种，大约包括 6 000 多个品种，畜禽大约提供人类食物营养需要的 30%，可以说畜禽遗传资源是满足人类食物与健康的直接来源，是人类社会赖以生存和发展的重要生物资源。它为人类提供的肉、蛋、奶、纤维、皮革及役力等畜产品，不仅数量大，而且质量好。我国畜禽、水产品产量长期居世界首位，主要得益于品种的持续更新换代，而突破性品种成功培育与推广，无不来源于优异遗传资源的挖掘利用。畜禽产品对提高人们生活水准的作用和畜禽及畜禽产品对贸易与繁荣的促进紧密相关。随着我国经济的发展，人民生活质量不断提高，人们的膳食结构、营养保健、服饰原料构成等发生了明显的变化，对食品、服饰的消费要求越来越高。调查资料表明：我国城乡居民主食消费比重下降，对动物食品、营养保健品的需求量大幅度增加。尤其是山羊绒织品、毛呢服装历来是人们向往的高档服装和服饰。随着社会的发展和人民生活水平的不断提高，对动物性产品的需求会日益提高。

（二）畜禽遗传资源是畜牧业持续发展的基础

养殖业的持续发展不仅仅意味着产量的持续提高，也包括了未来市场对质量和品种花色的需求，更重要的是储备更多的遗传潜力以适应未来环境的变化。人们的需求常常发生改变，包含在这些现有畜种、品种、品系中所具有的这些遗传变异和对未来市场变化所需的基因，也正是畜种、品种、品系所包含的基因，才使得它具有持续利用的潜力。人们对畜产品的需求方向不断变化，尤其是对肉品质的要求已经显露出来。由于遗传变异是畜禽改良的原始素材，其保护工作为适应未来新的经济需求提供了各种选择。许多国家都有一些具有某种适应特性和功能特性的畜禽变异品种，但在目前的管理与经济情况下，并不需要它们。如果不能为适应未来经济的发展变化保存下这些多样性，未来的畜牧业生产就会成为无米之炊。

（三）畜禽遗传资源是畜牧科技创新的巨大宝藏

具有不同寻常特性的品种在许多方面都具有极重要的科学价值。一些明显的例子是某些畜禽物种、品种、品系、种群具有珍贵的 DNA 密码顺序、特殊的生理特性和适应能力，为进行生物模型的研究提供素材。科学研究正进入一个分子水平的新时代，人们可以通过操纵生物材料而获益，携带遗传特异性的 DNA 是其突破口。DNA 组合对科学研究极为重要，虽然其特性与功能目前还不很清楚。遗传多样性对未来动物学和分子生物学都将具有重要意义和产生更大的效益。几千年来由自然选择和人工选择积累了大量的遗传变异，如果这些遗传变异丧失了，对科学研究将是巨大的损失。

（四）畜禽遗传资源是维持生物物种多样性的重要保障

畜禽、野生动物和植物遗传资源都是生物物种多样性的重要组成部分。畜禽不仅与其他物种一样以 DNA 为遗传基础，而且还与牧草和森林物种及野生动物共同纳入许多管理系统。整个生物物种多样性的保护工作应包括能提供多样性的畜禽物种的品种。虽然动物、植物可能需要不同的保护实施程序，但应该看到彼此之间的联系。各项活动计划应该是彼此相关的，这样才有可能使生物物种保护活动整体获得成功，而不是竞争。畜禽遗传资源多样性，对保障农业生态系统的稳定性和良性化十分重要，有的品种对极冷、极热、高湿气候适应从而形成了气候适应型家畜，还有些沙漠地区的品种对当地恶劣的生态环境具有良好的耐受性。现有的濒危群体具有的这种适应性，是未来气候和环境条件发生变化后，培育优质、高产、低耗、适应恶劣条件的新品种、新品系的原始材料。如小型品种对温室效应产生的环境适应具有优势。

（五）畜禽遗传资源是传承中华农耕文明的重要载体

中华民族发现、驯化、培育了大量农业种质资源，这些有生命的、活态的、可延续的种质资源，在传承中华农耕文明、推动人类社会发展过程中发挥了不可替代的作用。几千年来畜禽一直与人类密切相关。它们是人类的文化特征之一。有些文化适应型的群体适应当地特殊市场，如河南、山东、云南的斗鸡文化。它们与许多其他过去的文明与生活方式的纪念物一样，当受到威胁时，无可争议地要受到珍视和保护。

第二节　世界畜禽遗传资源保护与利用现状

畜禽遗传资源多样性是生物多样性中与人类关系最为密切的部分，保护畜禽遗传资源对于促进农业可持续发展、满足人类生活多样化需求具有重要的意义。畜禽遗传资源的保护和利用日益受到国际社会的普遍关注与高度重视，各国都投入了大量的人力和物力，组织了专门机构从相关政策法令制定以及科学技术研发推广等方面对本国的畜禽遗传资源进行保护与利用，并形成了适合本国发展的畜禽遗传资源保护和利用体系。本节将综述世界各国畜禽遗传资源保护与利用概况和相关研究，以期为我国系统深入地开展畜禽遗传资源的保护和利用提供借鉴。

一、世界畜禽遗传资源保护与利用概况

畜禽遗传资源对畜牧业的生产力和适应性至关重要，是人们日常生活不可或缺的一部分。畜禽遗传多样性不仅对生物安全至关重要，而且还在调节生态功能、景观管理和栖息地提供等方面发挥作用。各种经济、社会、文化、技术和政策因素正在推动畜牧业的发展趋势，影响着畜禽遗传资源的管理。分布在世界各地的畜禽品种资源是畜禽遗传多样性最根本且最重要的本体。据报道，历史上曾有近 9 000 个畜禽品种存在。然而随着环境的破坏和人工选择等各方面因素，许多品种已逐渐减少甚至消失。除了安全（非危险）存在的品种以外，我们通常还把品种存在情况划分为危险、濒危或者灭绝几个层级。截至 2019 年，7% 的品种（600 个品种）已经灭绝（表 1-1），仅有 10% 的品种处在较为安全的状态，此外还有 59% 的品种状况未知。这些未知的品种状况急需各国畜禽遗传资源保护人员密切调查。在与我们生产生活相关度较高的畜禽方面，已经灭绝的牛品种最多，数量是183 种，其次是羊（129 种）、猪（93 种）和马（92 种）。此外，濒危品种数量最多的是羊、牛和马。全球范围内处于危险状态的品种数量最多的是鸡。虽然处于危险状态的兔、马和驴品种的数量不多，但占本物种的比例非常大，分别为 52%（兔）、30%（马）和22%（驴）。据联合国粮食及农业组织（Food and Agriculture Organization of the United Nations，FAO）数据显示 2006 年全球报道的品种只有 7 616 个，其中，地方品种6 536 个，跨境品种 1 080 个。跨境品种中，523 个是仅在一个区域分布的地区性跨境品种，557 个是广泛分布的国际性跨境品种。近些年随着各国对遗传资源的重视并相继开展了大规模的调查，我们获知的畜禽遗传资源种类大大增加，但相应地需要保护的遗传资源面也越来越广，而且其中大多数品种早已面临风险。因此迫切需要国家制定和/或改进相关保护方法来更好地面对目前所处的困境。

表 1-1　世界畜禽品种及灭绝情况

年份	本地品种（个）	跨境品种（个）	总品种数（个）	灭绝品种（个）
2006	6 536	1 080	7 616	690
2014	7 718	1 056	8 774	647
2016	7 761	1 061	8 822	643
2019	7 745	1 058	8 803	600

为更好地应对畜禽遗传资源保护和利用的问题，包括中国在内的 167 个国家在 1992 年 6 月的联合国环境与发展大会上共同签署了《生物多样性公约》，与畜禽遗传资源保护和利用相关的战略囊括在内。联合国粮食及农业组织于 1993 年正式启动了动物遗传资源保护与管理全球战略。1995 年联合国粮食及农业组织遗传资源委员会（Commission on Genetic Resource for Food and Agriculture，CGRFA）成立了动物遗传资源政府间技术工作组（ITWG-AnGR）永久性政府间论坛。2007 年在瑞士因特拉肯召开了第一届国际动

物遗传资源技术会议，会上正式发布了世界动物遗传资源的状况，同时还发布了关于动物遗传资源保护与管理的《因特拉肯宣言》以及《动物遗传资源保护与管理全球行动计划》。此会议促使全世界大多数国家向以下三个方向进行努力：①开展好本国种质遗传资源的保护；②制定好相关的法令法规，做好保护和利用的规划；③推广相关保护和利用的技术方法，加强科学研究。

动物遗传资源保护不同于植物，动物遗传资源保护主要有三种方法：原地活体保种、异地活体保种和超低温技术保种。原地活体保种指在当前的生长和繁殖生态系统中保护。异地活体保种指维持在原有的饲养和管理条件下进行异地保种（如在动物园或政府农场）。超低温技术保种主要是超低温条件下的保存，包括对胚胎、精液、卵母细胞、体细胞或相关活体动物的组织的超低温保存。活体保种是目前最实用的方法，可以在利用中动态地保存资源，但是其缺点在于一般需要专门设立保种群体，维持成本比较高。随着生物学技术的发展，尽管目前超低温技术保种还不能完全代替活体保种，但作为一种补充方式，仍具有很大的实用价值，特别是对稀有品种、濒危品种或者携带优良性状基因的品种，利用这种保存方式可以较长时间地保存品种的基因型，避免畜禽对外界环境条件产生适应性的改变。因此，为了最大限度地增加畜禽遗传多样性，以基因库为载体的超低温技术保种具有很大的升值空间。以哺乳动物基因库来说，全球动物遗传资源数据库目前包含来自182个国家和38个物种的数据。全球数据库记录的国家品种总数逐步增加（表1-2），基因库保种情况也随年代发展不断更新着。

表1-2　哺乳动物遗传资源全球数据库中记录的信息状况

年份	国家品种数量（个）	总数量占比（%）	参与统计国家数量（个）
1993	2 719	53	131
1995	3 019	73	172
1999	5 330	63	172
2006	10 512	43	181
2008	10 550	52	181
2010	10 507	54	182
2012	10 712	57	182
2014	11 062	60	182
2016	11 116	61	182
2018	11 371	62	182

注：安道尔公国、文莱达鲁萨兰国、列支敦士登公国、马绍尔群岛共和国、密克罗尼西亚联邦、摩纳哥、瑙鲁、卡塔尔、圣马力诺共和国、新加坡、南苏丹共和国、东帝汶民主共和国、阿拉伯联合酋长国没有记录数据。

全球的动物遗传资源利用长期存在着两种倾向：多数发达国家随着畜牧生产体系的集约化，大量饲养少数经济价值高的品种和杂交种，因此品种数目迅速减少；一些发展中国家虽然有较丰富的遗传资源，但由于保种不当和盲目引进外来品种进行杂交，使原有的地方品种数量大大减少。这些倾向都会导致世界性的遗传资源危机。因此，世界各国都建立了相关的保护利用机构，进行了必要的立法和规定，制订了较为周密的育种计划从而为动物遗传资源的高效利用提供保障。

虽然目前世界各国在动物遗传资源保护方面已经取得了许多成就，但很多方面还亟待改进。《动物遗传资源保护与管理全球行动计划》旨在作为一项国际计划，指导各国采取行动改善动物遗传资源管理，其监控系统可以跟踪计划在国家、地区和全球各级实施的进展。全球计划作为一个改进动物遗传多样性管理的框架，共包括四个战略优先领域（SPA），代表的含义分别是鉴定、库存和监测情况和物种风险（SPA1）、可持续利用和发展（SPA2）、保护（SPA3）以及政策、制度和能力建设（SPA4）。2021年关于《动物遗传资源保护与管理全球行动计划》执行情况和进展情况的监测研究对2012年、2014年和2019年各国的执行报告进行了定量评估，战略优先领域（SPA）的指标得分平均从0（低执行水平）到2（高执行水平），结果见表1-3。

表1-3　世界各地区《动物遗传资源保护与管理全球行动计划》定量评估情况

地区	覆盖率（%）			SPA1（描述）[ab]			SPA2（可持续利用）[ab]			SPA3（保护）[b]			SPA4（政策和机构）[a]		
	年份			年份[ab]			年份[ab]			年份[b]			年份[a]		
	2012	2014	2019	2012	2014	2019	2012	2014	2019	2012	2014	2019	2012	2014	2019
非洲（44）[ab]	39	77	65	0.68 (0.05)	0.69 (0.04)	0.96 (0.04)	0.67 (0.05)	0.66 (0.03)	0.87 (0.04)	0.49 (0.06)	0.48 (0.04)	0.64 (0.04)	0.60 (0.05)	0.74 (0.04)	1.07 (0.04)
亚洲（21）[bc]	26	65	42	1.23 (0.09)	1.01 (0.06)	1.22 (0.07)	1.14 (0.07)	0.94 (0.05)	1.15 (0.06)	1.26 (0.1)	0.81 (0.06)	1.06 (0.07)	1.10 (0.09)	0.99 (0.06)	1.14 (0.07)
欧洲和高加索地区（38）[d]	61	71	61	1.53 (0.04)	1.48 (0.04)	1.53 (0.04)	1.36 (0.04)	1.31 (0.04)	1.43 (0.04)	1.46 (0.05)	1.29 (0.04)	1.35 (0.05)	1.34 (0.04)	1.43 (0.04)	1.49 (0.04)
拉丁美洲和加勒比地区（22）[abc]	39	55	45	0.86 (0.06)	0.89 (0.06)	1.02 (0.07)	0.82 (0.06)	0.9 (0.05)	1.05 (0.06)	0.77 (0.06)	0.77 (0.06)	0.75 (0.07)	0.80 (0.07)	0.91 (0.06)	1.03 (0.06)
中东地区（10）[a]	29	50	43	0.73 (0.12)	0.57 (0.08)	0.83 (0.10)	0.80 (0.11)	0.33 (0.06)	0.37 (0.06)	0.48 (0.08)	0.22 (0.06)	0.47 (0.09)	0.57 (0.12)	0.35 (0.07)	0.65 (0.09)
北美洲（2）[cd]	100	50	100	1.75 (0.11)	1.92 (0.08)	1.83 (0.08)	1.73 (0.12)	1.87 (0.13)	1.53 (0.15)	1.82 (0.13)	2.00 (0.00)	1.77 (0.11)	1.43 (0.17)	1.69 (0.17)	1.77 (0.12)
西南太平洋地区（8）[ab]	20	47	27	0.69 (0.15)	0.57 (0.09)	0.58 (0.11)	0.93 (0.12)	0.37 (0.07)	0.83 (0.11)	0.45 (0.14)	0.43 (0.12)	0.52 (0.13)	0.23 (0.06)	0.54 (0.11)	
世界	41	65	53	1.11 (0.03)	0.98 (0.02)	1.16 (0.02)	1.04 (0.03)	0.89 (0.02)	1.08 (0.02)	1.01 (0.03)	0.78 (0.02)	0.92 (0.03)	0.98 (0.03)	0.95 (0.02)	1.16 (0.02)

注：根据地区和报告在战略优先领域（SPA）上平均得出的指标得分（从0＝实施水平低到2＝实施水平高）。括号中数字表示标准误。不同的字母表示不同组之间存在显著差异（$p < 0.05$）。

从以上数据可以看出，世界各国都十分重视动物遗传资源保护工作，不仅通过实施动物遗传资源保护计划进行干预，还筹划并执行畜禽育种计划来提高动物遗传资源的可持续利用水平。随着各项繁殖和分子技术的推广和应用，诸多科学技术方法从动物表型和分子层面对动物遗传资源多样性展开了多层次的探索，也为动物遗传资源的保护和利用提供了新途径。

二、世界畜禽遗传资源保护与利用研究进展

全球具有的丰富畜禽遗传资源是我们赖以生存的根本。各国纷纷开展国家层面的畜禽遗传资源利用计划以及相关繁殖和分子技术的利用和研究。此处将以美国、荷兰、德国和英国等发达国家，印度、巴西等发展中国家为例，简要介绍各国在畜禽遗传资源保护与利用方面的研究进展。2020 年 5 月 29 日，农业农村部发布公告，公布了经国务院批准的《国家畜禽遗传资源目录》（以下简称《目录》）。《目录》首次明确了家养畜禽种类 33 种，包括其地方品种、培育品种、引入品种及配套系。其中，传统畜禽 17 种，分别为猪、普通牛、瘤牛、水牛、牦牛、大额牛、绵羊、山羊、马、驴、骆驼、兔、鸡、鸭、鹅、鸽、鹌鹑；特种畜禽 16 种，分别为梅花鹿、马鹿、驯鹿、羊驼、火鸡、珍珠鸡、雉鸡、鹧鸪、番鸭、绿头鸭、鸵鸟、鸸鹋、水貂（非食用）、银狐（非食用）、北极狐（非食用）、貉（非食用）。《目录》属于畜禽养殖的正面清单，列入《目录》的，按照《中华人民共和国畜牧法》管理。

（一）畜禽遗传资源保护方面

1. 欧美国家

欧美国家总体的畜禽遗传资源保护情况走在世界前列，特别是美国。欧洲国家就地保护方案制定得非常全面，大多数保种群体均受到全面检测。人们对危险或濒危品种的保护意识普遍较高，并且政府对保护者的奖励力度也非常大。离体保护方面国家拥有完善的基因库和丰富的遗传资料。大量的遗传样本用于相关的研究，能够为商业化养殖生产提供大量遗传变异或是在一系列生理实验中用于评估种质资源能力。

欧美大部分国家畜禽遗传资源保护工作开始于 20 世纪 80～90 年代，绝大多数国家都成立相关的委员会和机构，制订系统的保护计划和工作安排，以期更好地对本国畜禽遗传资源进行保护，相关项目和政策的工作内容与目标基本一样，主要包括：

（1）对全国畜禽遗传资源现状进行周期性调查，建立国家名录，确定哪些品种应该被列为主流品种或濒危品种、本土品种、外来品种或野生品种等，了解每个品种的数量及地理分布信息，并获取每个品种的外形、育种值、DNA 水平的遗传信息及其对不同环境的适应性等相关数据，并把相关信息录入国家遗传资源信息网络。

（2）根据经济效益和保护的紧迫性建立综合或针对某一品种的国家基因库或保种库。

（3）针对濒危物种进行特别保护，采取原地活体保种、异地活体保种和超低温技术保种其中一种方式，就地保护或迁地保护相关场地的建立与管理。

（4）与其他国家开展研究合作或种质资源交流，开展、推动或协调有关保护和可持续利用畜禽遗传资源的研究。

（5）刺激、协调和支持非政府组织和私营部门在保护和可持续利用畜禽遗传资源方面

的行动。

（6）通过商业活动以及学校教育、志愿或远程学习等方式，提高公众对保护和可持续利用畜禽遗传资源重要性的认识。

（7）就有关畜禽遗传资源保护和利用广泛收集各界意见，为下一轮计划制订提供参考。

（8）加快畜禽遗传资源保护和利用的电子化进程，国家机构也容易通过网络门户对各畜种的保护和利用情况进行监控。此外，建立相关信息和文献的网站、分畜禽品种建立基本信息库。

（9）健康生产，制定主要畜种相关重要疾病的防治策略（如禽流感、羊的痒病等）。

在 20 世纪 90 年代后期，美国政府启动了《国家动物遗传资源保护项目》（National Animal Germplasm Program，NAGP），通过该项目的实施，对现存品种的遗传物质进行收集并冻存，并且调查了各个品种种群数量变迁历史以及品种内遗传多样性情况。21 世纪初，美国农业部又启动了畜禽遗传资源保存和利用项目，通过该项目的实施，收集和保存包括精液、胚胎、卵子和 DNA 在内的大量遗传物质（表 1-4），建立了档案和遗传材料冷冻保存的标准，对所收集的遗传物质的活力进行了评价，并将信息录入全美遗传资源信息网络。在全美遗传资源信息网络中创建独立的动物遗传资源计划系统，为全美畜禽遗传资源的原地和异地保种的选择提供信息支持。政府在科罗拉多大学建立了全国种质资源保护与利用中心（基因库），凡是被列入国家保种规划的畜禽品种的种质资源（包括外来品种资源）都在保护中心得到妥善的保存。在 2006 年，美国畜禽遗传资源的安全性得到了显著提高。保存库中的样本从 229 110 增加到 296 555，增加了 29%，馆藏包含来自 25 种畜禽和水生物种，119 个品种和 94 个独特种系中的 7 种，322 种动物的种质和组织样品。除了收集样本外，还发布了用于研究数量性状基因座、牛品种遗传距离以及扩大稀有牛品种遗传基础的材料。通过品种调查和家谱分析了解目标物种的种群结构，并将这些信息用于计划保护活动，其中包括猪、牛、鸡、山羊等。计算和分析选定品种的种群遗传参数，利用来自种群遗传参数的调查数据来识别和针对高危品种。

表 1-4 美国畜禽遗传资源等保存品种及种质资源名录 （2010）

品种	个体数量（个）	血液数量（份）/个体数量（个）	胚胎数（枚）/个体数量（个）	精液数量（剂）/个体数量（个）	其他种质资源数量（个）/个体数量（个）
奶牛	6 563	—	158/27	229 541/6 536	229 699/6 563
猪	1 309	261/22	452/33	199 753/1 254	200 466/1 309
肉牛	4 887	13 524/2 112	605/108	169 122/2 693	183 251/4 887
绵羊	1 836	5 923/1 298	458/110	45 575/658	51 956/1 836
山羊	404	740/113	254/26	8 433/266	9 427/404
鸡	1 448	783/81	—	6 154/1 363	7 978/1 448
火鸡	114	—	—	291/106	421/114

注：表中数据来源于 NAGP。

欧洲一些国家也普遍建立了良好的基因库，如波兰和西班牙设有集中的全国性基因库，意大利和英国设有分散各地的基因库。这些基因库受各高校、研究机构以及非政府组织分别管理。德国和瑞士与许多私营企业和部门合作，以基因库网络形式建立了联合的基因库。此外，欧洲动物遗传资源区域协调中心成立了一个动物遗传资源迁地保护工作组（European Regional Focal Point for Animal Genetic Resources，ERFP）。该工作组的主要任务是：①欧洲各国之间经验和知识交流；②支持欧洲国家基因库的建立、发展；③共同为基因库、文件和其他相关问题制定欧洲战略。

2013年，在ERFP的支持下，正式建立了欧洲动物遗传资源基因库网络。在《关于获取和惠益分享的名古屋议定书》的背景下，该网络促进了欧洲在畜禽遗传资源领域的国际合作和交流。下面将以具体国家为例列举欧洲代表性国家在畜禽遗传资源保护领域的进展。

荷兰是一个农业高度发达的国家。为保护和可持续利用畜禽遗传资源，荷兰成立了荷兰遗传资源中心（Centre for Genetic Resource，The Netherlands，CGN）。荷兰遗传资源中心的基因库收集了牛、猪、马、绵羊、山羊、犬等物种的遗传物质（表1-5）。此基因库位于瓦赫宁根大学家畜研究所，基因库的备份库位于乌德勒支大学兽医学院。另外，在荷兰还有各种非政府组织在承担保护稀有品种的任务（例如稀有品种信托基金、养殖协会和其他畜牧业者的工会）。荷兰政府高度赞成以市场为导向的活体保护方法。尽管欧盟农村发展法规规定可采取补贴措施支持活体保护，且不同畜禽种类的补贴有所不同（与牛、马或羊等其他物种相比，家禽的财政支持相对较少），但荷兰政府总体上不采取结构性补贴的措施支持畜禽遗传资源的保护，这些组织在品种保护、发展、监测和促进可持续利用和就地保护以及激发公众意识方面发挥着非常重要的作用。一些组织有公民参与进来，并对特定稀有品种进行捐款资助。保留稀有品种的业余养殖者对维持稀有品种的活种群非常重要。此外，农场等组织通过提高公众意识和维持稀有品种的种群，为保护遗传多样性做出了贡献。

表1-5　荷兰遗传资源中心基因库保存遗传物质数量（2010）

物种	品种/品系（个）	数量（个）	冷冻精液（剂）
牛	9	4 585	181 753
犬	2	10	162
山羊	2	30	3 820
马	5	59	10 906
猪	16	519	69 981
家禽	20	270	18 827
绵羊	7	228	23 810

德国的畜禽遗传资源保护工作也走在世界前列。2003年，德国出台了《德国畜禽遗传资源行动纲要》，成立了专业委员会。行动纲要分为信息与文献、观察与观测、精液的

冷藏、濒危畜禽的保护（就地保护）以及疫病防治五个部分。濒危畜禽的保护方面主要针对具体濒危品种，要求联邦各州采取原产地保护措施，政府给予一定的扶持。同时，完善的市场机制带动了畜禽遗传资源的有效保护。德国通过协会组织形式，充分发挥市场功能和作用，把政府、协会和养殖农户（企业）有机地连接起来，共同完成信息登记、采集和研究，并以课题或项目（政府与研究机构）和现金支付（协会、研究所、农户之间）的形式进行，促使畜禽遗传资源保护扎实可靠。此外德国也注重多产业联合带动畜禽遗传资源保护的方式，如巴登-符腾堡州1988年自发成立了"施豪市农民生产合作社"，该合作社以地方品种施豪猪保种与开发利用为基础，形成了饲养、屠宰、加工、餐饮、销售一条龙的产业链，实现年营业额9 000多万欧元，把地方品种猪保种与多产业利用很好地结合在了一起。

英国的保护工作也开展得良好。英国拥有丰富的畜禽品种资源，有160多种的禽、牛、羊、猪、马等。英国十分重视动物遗传资源尤其是农场动物遗传资源的保护。在政府机构及法令方面，早在2002年，英国环境、食品和农村事务部就在苏格兰行政环境和农村事务部、北爱尔兰农业和农村发展部和威尔士议会政府的协助下，发表了《英国国家农场动物遗传资源报告》。这不仅推动了其国内遗传资源的保护，还为世界粮食及农业组织于2007年出版的《世界动物遗传资源状况第一份报告》做出了重要贡献。《英国国家农场动物遗传资源报告》总结了英国一些主要的动物遗传资源管理差距，并提议制订特定翔实的计划，设立国家农场动物遗传资源指导委员会作为一个特设咨询委员会进行动物遗传资源的保护（2004年1月召开第一次会议）。2006年英国发表了《英国保护农场动物遗传资源国家计划》，除了完成一些前文提到的综合性目标以外，在欧盟项目"动物遗传多样性的可持续发展"的资助下，将原有的英国国家品种数据库使用欧洲农场动物生物多样性信息系统的模式进行升级以确保与欧洲和联合国粮食及农业组织家畜数据库的兼容性和联系。此外，包括农业综合企业、旅游业、肉制品产业在内的企业多方合作推动畜禽资源保护和利用网络的建设，如1994年英国启动了一个名为"主要传统品种肉类销售"的国家计划，一方面该计划保障了优质肉类的供应渠道，使少数地方品种能够同样有较好的收益，另一方面能够有效保护濒危的主要畜种的地方品种。该计划涉及英国当地的生产、加工和销售，通过一个由生产者、屠宰场、加工厂和销售商组成的网络很好地保护本地品种。

2. 西南太平洋地区

除了欧洲各国，在西南太平洋地区，以澳大利亚和新西兰为首的国家在有关种质资源保护方面的工作开展良好。但其他岛屿国家的相关工作就开展得十分有限，尤其是在猪和鸡两个畜种上。在澳大利亚和新西兰，大多数原地保护由私人机构开展，非政府组织起着关键作用。在新西兰，新西兰稀有品种保护协会开展所有的原地保护活动并负责饲养濒危物种、管理相关资料、组织展览会和负责普及知识提高公民意识。该地区的基因库只存在于这两个国家，且这两个国家的基因库都由私人负责。尽管缺乏政府的参与，但很多工作开展良好。

3. 亚洲

亚洲的保护项目主要由政府推动，超过半数的亚洲国家拥有比较完善的基因库。相较中亚和南亚，东亚和东南亚比较发达的地区储存的遗传材料明显更多。但也有些例外，例如，伊朗的基因库包括大量来自普通牛、绵羊、山羊、马、水牛、双峰驼和单峰驼的精液、胚胎、卵母细胞和分离的 DNA。亚洲各国间的交流较多，印度、巴基斯坦和菲律宾在水牛的超低温技术保种方面已经达成了合作计划。

印度是亚洲地区畜禽遗传资源保护工作开展得较好的国家。其于 1984 年成立了国家畜禽遗传资源局，负责畜禽遗传资源的鉴定、评估、品种描述、保护利用等，同时也建立了国家动物基因库，目前共收集了 31 个品种的 257 头种公畜 97 835 剂冷冻精液（具体数量见表 1-6），其中涉及主要包括普通牛、水牛、绵羊、山羊、骆驼、牦牛和马。

表 1-6 印度国家畜禽基因库保存品种与冷冻精液数量

畜种	品种数量（个）	种公畜数量（个）	冷冻精液数量（剂）
普通牛	16	104	39 936
水牛	8	76	36 653
山羊	2	33	11 093
马	2	6	490
绵羊	1	20	8 375
骆驼	1	15	928
牦牛	1	3	360
总计	31	257	97 835

注：表中数据来源于 http：//www. nbagr. res. in/GnBnk. html。

4. 拉丁美洲和加勒比地区

拉丁美洲和加勒比地区的种质保护是政府和非政府组织的联合行为，其主要的目的是在畜禽遗传资源保护的同时有选择地提高畜种的生产性能，基因库在南美洲各国比较常见，但在中美洲加勒比地区却比较少见。巴西畜禽遗传资源的保护多采取原地活体保种和超低温技术保种两种方式。核心群保种由国家遗传资源工作网来运营开展，离体保护由国家遗传资源与生物技术研究中心下属的动物种质库承担，该库建于巴西利亚的苏加皮拉实验农场。

巴西国家遗传资源与生物技术研究中心，建有国家长期库（-20 ℃）保存畜禽遗传资源，计划保存年限 100 年。其中，已经入库的畜禽遗传材料有 54 000 份。它在生物遗传资源的收集、鉴定、评价、保存、检疫和创新利用等方面，形成了全国性的国家遗传资源协作网，在全国各地设有 11 个分中心和 187 个种质资源工作库，共保存资源 25 万份。国家遗传资源与生物技术研究中心有两个畜禽负责人，一个负责大型家畜（普通牛、水牛、马和驴），另一个负责小型家畜（绵羊、山羊、猪和家禽）。截至 2003 年，研究中心共保存有普通牛、山羊、绵羊、驴和马 14 个品种的 52 230 剂冻精和 220 个胚胎。

5. 近东和中东地区

目前阿曼是该地区唯一报告有基因库的国家。阿曼为保护单峰驼、牛、山羊和鸡的遗传资源制订了一项完善的战略计划。

6. 非洲

较为落后还包括非洲，总体只有非洲南部几个国家各项工作开展得相对较好，包括以南非为主的南部非洲发展共同体国家（博茨瓦纳、莫桑比克、纳米比亚、赞比亚和津巴布韦）以及乌干达、布隆迪、肯尼亚、卢旺达、南苏丹和坦桑尼亚都有合作建立基因库，依托地区的货币和经济联盟。

（二）畜禽遗传资源利用方面

除了将畜禽遗传资源保护好以外，如何更好地开发、研究和利用世界各地丰富的遗传资源，在保护畜禽遗传多样性的同时为人类更好地服务一直是每个国家关注的重点。一方面，世界各国因地制宜制订符合本国国情的育种和利用计划，根据畜禽遗传资源的性能标准，通过有系统、有计划地改变种群的遗传组成，最终获得特定的育种目标和相应的遗传进展，更加高效地生产畜牧产品。因此，各国通常需要开展物种鉴定、性能测定、育种值估计、选种、选配和遗传进展的传递等相关工作。另一方面，各国通过繁殖或分子技术的推广和研究，在提高生产和养殖效率的同时深入挖掘遗传资源特性，以便更好地服务于保种和利用工作。其中主要的繁殖技术包括人工授精、胚胎移植、超数排卵、精液分型、体外授精、性腺组织移植等技术；分子技术包括克隆、基因编辑、分子遗传（基因组、转录组等）信息挖掘等技术。总之，世界各国无论是通过筹划并执行畜禽育种计划来提高畜禽遗传资源的可持续利用，还是做好各项繁殖和分子技术的推广和应用，都为畜禽遗传资源的利用提供了新的途径。下面就以上两点对世界各地区及部分国家的畜禽遗传资源利用展开介绍。

《动物遗传资源全球行动计划》将育种计划的制订和施行纳入了动物遗传资源可持续利用和发展，并呼吁各国制定"国家可持续利用政策"和"物种和品种发展战略"。大多数国家制定了与育种计划相关的国家政策。75%的国家都有与奶牛育种计划相关的国家政策，而鸡的育种和利用政策是五大物种中最少的，仅有53%。就大多数物种而言，发达地区的育种政策的制定情况和施行情况都比其他地区要好。首先，总览全球大多数国家针对种质资源进行开发和利用所制订的育种计划和方略，主要包括所谓的五大畜种（牛、绵羊、山羊、猪和鸡），如表1-7所示。但不同地区对不同畜种的育种和利用情况不尽相同，例如除北非和西非以外，其他各地区各个国家对肉牛和奶牛育种方案都有着较高的占比。南亚、近东和中东以及中美洲地区的国家在多用途牛育种计划明显相比于其他地区更少。这种情况在各地区各畜种的利用情况大致相同。表1-8（按区域划分）和表1-9（按物种划分）统计了全球育种和利用中可能利用到的主要技术和方式的使用情况，包括物种鉴定、系谱记录、性能测定、人工授精的使用、遗传评估以及遗传变异的管理。如表1-8所示，欧洲和高加索地区、北美洲和西南太平洋地区各种方式的执行水平的品种覆盖率远远领先于其他地区。根据物种划分来看（表1-9），奶牛、肉牛和绵羊开展育种计划和技术利用是覆盖率最高的。另外，在分子和繁殖技术方面，人工授精（AI）是应用最广泛的生物技术，世界93%国家都有报告在不同程度地使用人工授精进行繁殖。它为奶牛、肉牛和猪的生产提供了巨大的帮助。其他技术利用率相对较为平均，各项技术总体在西南太平洋、北非和西非等欠发达区域应用率较低。

表1-7 不同区域中各畜种育种利用计划国家报告占有比例

区域	国家数量（个）	奶牛（%）	肉牛（%）	多用途牛（%）	绵羊（%）	山羊（%）	猪（%）	鸡（%）
北美洲	1	100	100	100	100	100	100	100
拉丁美洲和加勒比地区	18	100	100	80	94	89	100	83
加勒比	5	100	100	75	100	100	100	60
中美洲	5	100	100	60	100	100	100	80
南美洲	8	100	100	100	88	75	100	100
欧洲和高加索地区	35	97	88	97	97	94	97	94
亚洲	20	95	89	80	74	80	75	85
中亚	4	100	100	100	100	100	50	100
东亚	4	100	75	100	50	50	75	75
南亚	6	100	100	60	80	83	100	83
东南亚	6	83	83	75	67	83	67	83
非洲	40	76	90	82	58	75	57	56
东非	8	88	100	86	50	88	50	63
北非和西非	20	57	83	83	60	60	56	42
南非	12	92	91	78	58	92	64	75
西南太平洋地区	7	100	100	100	67	40	86	86
近东和中东地区	7	83	100	67	86	71	0	86
世界	128	91	93	87	79	81	80	79

注：这些数值表示已实施育种计划（至少一项）的国家数目占已实施有关物种的国家数目的比例（2014年）。表中数据来源于FAO发布的Scherf B. D.，Fao R.，Pilling D.，The Second Report on the State of the World's Animal Genetic Resources for Food and Agriculture，2015。

表1-8 育种计划要素和技术的执行水平（区域划分）

区域	国家育种数量		物种鉴定		系谱记录		性能测定		人工授精	
	引进（个）	本地（个）	引进（%）	本地（%）	引进（%）	本地（%）	引进（%）	本地（%）	引进（%）	本地（%）
非洲	671	646	48	45	30	29	22	26	37	28
亚洲	374	949	48	33	31	24	40	30	40	24
北美洲	19	222	26	69	26	51	26	46	26	49
拉丁美洲和加勒比地区	690	474	37	50	36	35	30	31	31	32
欧洲和高加索地区	2 051	2 039	58	78	47	74	41	70	33	32

（续）

区域	国家育种数量 引进（个）	本地（个）	物种鉴定 引进（%）	本地（%）	系谱记录 引进（%）	本地（%）	性能测定 引进（%）	本地（%）	人工授精 引进（%）	本地（%）
西南太平洋地区	150	66	47	66	41	56	39	61	40	32
近东和中东地区	69	99	30	26	23	16	28	16	20	19
世界	4 024	4 495	51	59	40	51	36	49	35	30

区域	育种目标 引进（%）	本地（%）	遗传评估（经典方法） 引进（%）	本地（%）	遗传评估（涉及基因组信息） 引进（%）	本地（%）	遗传变异的管理 引进（%）	本地（%）
非洲	34	39	15	24	9	6	16	13
亚洲	47	26	21	22	6	7	13	11
北美洲	26	98	26	40	26	34	26	58
拉丁美洲和加勒比地区	28	30	12	27	4	4	5	8
欧洲和高加索地区	55	73	29	47	5	8	26	51
西南太平洋地区	48	70	61	54	61	54	53	57
近东和中东地区	30	18	19	16	1	15	12	5
世界	45	53	24	35	8	9	20	32

注：这些数值是指在各自的育种计划要素和技术下，属于五大畜种（牛、山羊、绵羊、猪、鸡）的品种所占的比例（2014 年）。表中数据来源于 FAO 发布的 Scherf B. D.，Fao R.，Pilling D.，The Second Report on the State of the World's Animal Genetic Resources for Food and Agriculture，2015。

表 1-9 育种计划要素和技术的执行水平（物种划分）

畜种	国家育种数量 引进（个）	本地（个）	物种鉴定 引进（%）	本地（%）	系谱记录 引进（%）	本地（%）	性能测定 引进（%）	本地（%）	人工授精 引进（%）	本地（%）
奶牛	348	225	69	81	56	68	54	64	81	73
肉牛	558	540	76	81	63	76	55	64	65	59
多用途牛	165	471	84	49	63	37	47	38	78	47
绵羊	605	1 078	76	73	65	65	49	60	28	24
山羊	342	528	61	62	47	46	44	42	27	19
猪	401	491	53	56	50	45	47	46	50	33
鸡	1 605	1 162	23	43	12	36	14	39	10	13

畜种	育种目标 引进（%）	本地（%）	遗传评估 引进（%）	本地（%）	遗传评估 引进（%）	本地（%）	遗传变异的管理 引进（%）	本地（%）
奶牛	45	66	29	54	14	26	29	42
肉牛	54	66	34	51	13	17	25	38
多用途牛	61	37	34	28	24	7	33	27
绵羊	60	60	36	41	7	4	31	39

（续）

畜种	育种目标		遗传评估		遗传评估		遗传变异的管理	
	引进（%）	本地（%）	引进（%）	本地（%）	引进（%）	本地（%）	引进（%）	本地（%）
山羊	49	44	26	27	8	4	25	31
猪	51	45	33	36	11	13	25	29
鸡	33	50	10	25	3	4	9	26

注：这些数字是指各育种计划要素和技术所涵盖的品种（国家品种数量）的比例（2014 年）。表中数据来源于 FAO 发布的 Scherf B. D.，Fao R.，Pilling D.，The Second Report on the State of the World's Animal Genetic Resources for Food and Agriculture，2015。

1. 北美洲地区

在北美洲地区，美国育种计划翔实且广泛应用于所有主要的畜禽品种，杂交育种计划普遍实施，基因组选择等先进技术在奶牛育种中得到广泛应用。在美国，育种协会和个别畜禽养殖者是参与育种计划运作的主角，其国内和国际商业公司在牛、猪和鸡的养殖项目中发挥着重要作用，有关育种活动的决策掌握在畜禽养殖者和商业公司而非政府手中。美国也是各项繁殖技术和分子技术应用最广泛的国家。不仅有隶属于国家的研发机构，大量私营企业也提供着相关育种繁殖服务和科研技术开发。在牛养殖方面，可区分性别的精液可以从所有大型育种公司获得，包括人工授精和胚胎移植被乳制品和肉牛生产商广泛使用。而在羊养殖方面，绵羊人工授精应用较少而在山羊则较多，主要应用胚胎移植技术进行新遗传资源的引进。在猪与鸡养殖方面，人工授精已经系统地进行应用，各项技术应用广泛。分子技术方面，如我们熟知的 Illumina 公司，其相关 IIlumina SNP 分型技术（包括 Infinium® 和 GoldenGate® 技术）是目前世界上在农业领域应用得较多的基因分型技术之一，并且已经开发了大多数主要物种的基因芯片用于鉴定和分型。对在分子研究领域重要的参考基因组测序、组装和注释工作来说，家鸡于 2004 年被测序，其负责机构为华盛顿大学基因组测序中心。隶属于麻省理工学院和哈佛大学的博德研究院就参与了包括兔、猫、马、犬等在内的物种研究。此外，美国也积极牵头与世界各国开展技术合作，就基因组测序与组装来说，与澳大利亚联邦科学与工业研究组织和新西兰奥塔哥大学进行了绵羊的基因组组装。此外，美国国家生物信息中心（National Center for Biotechnology Information，NCBI）收集了大量畜禽的遗传信息（包括基因组、转录组和蛋白组等），它的建成也离不开美国在畜禽遗传资源保护和利用一步一步取得的成就。

2. 欧洲和高加索地区

在欧洲和高加索地区大多数国家的畜牧部门发展良好，各畜种育种计划制订相较完善且实施到位。另一些国家政府在育种和利用中仅起监督和协调的作用（例如荷兰、挪威和英国），或为育种协会和养殖者的工作提供补贴（例如法国和西班牙）。相关的畜禽协会组织和实施谱系记录，设定和审查育种目标，确保育种计划的一致性，推进品种的遗传改良和实施遗传评估。法国遗传学育种组织负责监督、协调和改进国家遗传系统，该组织汇集了技术组织和代表育种者的组织，这些组织为实施遗传改良方案做出了贡献。研究机构和大学也为育种协会和政府提供遗传评估的理论和方法方面的支持。但整个地区仍存在着一些差异，高加索和东南欧部分国家的育种计划相对不发达，畜牧业组织有限，育种协会很少。此外，商业公司主导着家禽、猪和奶牛的养殖业，尽管他们占据着大部分市场资源，但所利用和进行育种的品种和品系比较有限。欧洲技术应用状况总体良好，国家公共部门只负责管理和审批，而研发、推广、利用和保护等职能由合作部门或商业公司接管，商业公司和相关育种协会是技术推广、应用和研发的主力军。欧洲各个国家积极挖掘各国特色品种的种质优势，已获得享誉世界的商业化畜种，例如法国利木赞牛、朗德鹅，荷兰荷斯坦奶牛，英国约克夏猪、巴克夏猪，丹麦长白猪等。在技术的发展和应用上，法国在1966年颁布了《畜牧业法》，规定了对主要家畜的选种方法，《畜牧业法》中相关畜禽育种计划的实施使法国畜禽遗传资源的利用达到了世界最佳水平。为了畜牧业更进一步的发展，法国于2006年颁布了《农业指导法》，再次对畜禽育种计划进行了重大改革。在人工授精领域，该法令结束了人工授精中心的区域垄断，建立了反刍动物精液的普遍分配和授精服务。基因组学技术的创新使法国畜禽遗传改良工作取得了更快的进步。与此同时，法国生物信息学和基因工程的进步引领了本国基因改良技术的进步。法国在2008年第一次对荷斯坦牛进行基因组评估。2009年，开始利用通过基因组学评估的公牛精子，到2012年，这些精子占荷尔斯泰因州原始人工授精的60％。在分子技术研究方面，欧洲大量研究常涉及国际合作，关于各畜种的起源、驯化和进化分析开展比较多。例如，欧洲如荷兰、瑞典、法国、英国、意大利等在内的国家依托欧亚大陆大量种质资源的优势积极利用欧亚大陆包括猪、鸡、马等在内的驯化种和野生种遗传资源，探寻畜种的起源和驯化的目的。以上国家也是分子遗传多样性研究的主力军，其利用全基因组关联分析（genome wide association study，GWAS）以及选择扫荡分析等技术鉴定了多数畜种的大量主要基因，建立了许多主要标记，如 *NR6A1*、*PLAG1* 和 *LCORL* 基因与家猪背部的伸长和椎骨数量增加有关。

3. 亚洲

亚洲的畜禽育种和利用通常非常依赖公共部门，研究机构也发挥重要作用。但由于亚洲跨度较大，执行育种方案的方法在整个区域差别很大。在中亚，鼓励本地品种与引进品种杂交的政策十分普遍。例如，在伊朗杂交育种已大量用于奶牛，以改善牛奶生产。伊朗的国家报告指出，育种政策今后将继续促进奶牛的杂交，但在肉牛、绵羊和山羊方面，其国家计划更加关注当地适应品种的遗传潜力的开发。在东亚，大多数国家都有主要畜禽品种的育种计划，项目由政府推动。蒙古国的育种计划不如亚洲其他国家发展得好。因为蒙古国在建立育种计划方面存在两大限制：①在其广泛的生产系统中难以组织系谱和性能记录，因为在放牧的生产方式里畜种不受限制；②畜禽养殖者不愿参与政府推动的育种计划。在南亚和东南亚，各国政府都在积极地制订育种政策和执行育种方案。这些地区的育种策略通常非常注重与外来高产品种的杂交，并已经成功地促进了本地很多品种生产水平的提高，但由于缺乏对当地品种的关注，并且不加选择地杂交和品种替代，本地品种遗传退化的情况普遍存在。

亚洲在有关技术应用和利用方面较弱。亚洲各国与欧美各国不同,政府和公共机构而非商业公司是提供技术服务的主力,此外国际捐助者、相关非政府组织也提供了大量的帮助。如孟加拉国的国家报告指出,非政府组织在推广人工授精的使用方面发挥了关键作用。来自菲律宾的报告提到,日本帮助该国发展人工授精,韩国为菲律宾卡拉鲍中心的低温保存设施的发展提供支持。其中,以中国、韩国、日本、印度为主的国家相对在研发和应用方面还颇具优势,但以中亚为主的区域应用较少。印度的非政府组织国家农业研究所(National Agricultural Research Institution,NARI)成为了该国雄鹿和公羊精液冷冻和人工授精技术的主要中心。东亚和东南亚的各国几乎开展了全部类型的繁殖及生物技术研究,并且多涉及国际合作,一些研究能力有限的国家重在加强区域合作,如蒙古国与中国科学院和俄罗斯农业科学院有着大量的研究项目合作,如绵羊、山羊的胚胎移植,或蒙古牛以及牦牛的遗传多样性探寻。在分子研究层面,中国、印度等拥有较为丰富的畜禽遗传资源,近些年不断开展着对地方品种遗传资源起源方面的研究工作。目前已经能确定如家鸡驯化源于东南亚红原鸡,马起源于欧亚大草原,羊驯化于新月沃地两河流域,猪起源于东南亚等。在基因组研究方面,广泛的种质资源赋予了亚洲各国研究的优势,分子技术方面主要集中于遗传特性和多样性的研究,并检测出大量与各类畜禽有关的基因组区域。比如,印度对本地鸡和肉鸡生长性状和基于性状的蛋品品质性状基因图谱有着广泛研究。日本在牛的育种中也常使用基因组信息。来自印度尼西亚的报道提到了在奶牛和肉牛中使用标记辅助选择。来自马来西亚的报道提到了在山羊和牛中使用标记辅助选择。印度、日本、韩国和泰国等国家报道中提到了以研究为目的使用克隆技术。印度、韩国等国家都有报道通过克隆来恢复和保护本地濒临灭绝的本地畜禽资源。

4. 拉丁美洲和加勒比地区

在拉丁美洲和加勒比地区,根据国家和物种的不同,畜禽的育种计划和资源利用可由政府、育种协会、商业公司或畜禽养殖者实施。政府在物种鉴定方面起主要作用,而育种协会和畜禽养殖者在育种目标和记录性能数据方面贡献较大。人工授精主要由商业公司提供,研究机构积极参与基因评估。据报道,杂交育种策略在拉丁美洲相当普遍。商业公司和研究机构已经开发出了复合品系,主要在肉牛方面,其他品种也有涉及。利用引进的遗传材料与本地区的品种杂交,以及与本地区开发的复合品系杂交,是提高生产水平的一种广泛使用的方法。在巴西,近年来由于实施了成熟的育种计划,畜牧业生产率大幅提高。该国家以及地方各级的研究机构、大学和育种协会都参与了巴西的育种计划。就繁殖和分子技术而言,以巴西、墨西哥为首的国家总体技术推广情况良好,无论在技术研发和技术推广方面都比较占优势。中美洲相较于南美洲就弱一些。此外,南美洲生物技术研究比较发达,以牛羊为主,研究方面的国际合作非常广泛。随着分子生物技术和遗传工程的迅猛发展,巴西国家遗传资源与生物技术研究中心建立了畜禽遗传资源实验室,并计划做濒危品种与经济品种的遗传多态性、遗传鉴别和物种评估研究,以期对所有地方品种进行比较,估测相互之间的遗传距离和挖掘某些品种的独特性状。巴西采用分子和系谱分析的方法来保护遗传资源索马里毛羊,尽最大努力维持了核心保种群的遗传变异。加勒比地区的技术普及和使用情况更低，总体研究也处在人工授精和胚胎移植层面，如有研究探寻布尔山羊当地山羊人工授精可行性。在拉丁美洲和加勒比地区，政府机构相对较多地参与牲畜生产，而非商业公司，相关协会也在其中扮演着至关重要的角色。

5. 非洲

非洲一些国家的育种和畜禽利用开发的决策和实施主要由国际研究机构或非政府组织负责。例如，在埃塞俄比亚，国际家畜研究所（International Livestock Research Institute，ILRI）和国际干旱地区农业研究中心（International Center for Agricultural Research in the Dry Areas，ICARDA）都为小型反刍动物建立了一些基于社区的育种计划。在非洲，育种协会在一些国家发挥着越来越大的作用，然而，虽然已经建立了育种协会，但其实际实施状况仍处于较低水平。例如卢旺达育种协会表示其负责该国的畜禽工作，他们的建议在制定育种目标时也得到了采用，但他们在物种鉴定、性能测定和为某些物种提供人工授精服务方面却发挥着有限的作用。南非农业研究理事会的动物生产研究所负责制定国家育种标准并协助评估，但在育种方案实施方面同样受到了限制。限制育种计划有效实施的因素包括组织机构的匮乏、发展资金和技术的薄弱，另外，养殖人员所参与的相关工作很多也未做到位，比如物种鉴定和性能记录等。人工授精可能是大多数情况下唯一使用的繁殖技术，然而西非和北非地区只有 74% 的国家有报道使用。大多数国家因为缺乏基础设施、物流和相关人才因而限制了技术的推广和使用。例如非洲国家贝宁就曾因液氮供给的不足而使得相关技术使用受限。但该地区包括喀麦隆、毛里求斯、南非和卢旺达等较为富裕的国家总体技术的普及率还是十分高的，并且非洲地区的相关技术推广、开发和利用还是主要依靠国家公共机构的提供。相关技术研究主要集中于人工授精的研究推广和开发之中，研究方面广泛开展国家合作，如卢旺达与日本的胚胎移植合作以及莫桑比克和南非之间的胚胎移植研究合作。

第三节　我国畜禽遗传资源保护与利用现状

一、我国畜禽遗传资源保护概况

我国畜禽遗传资源丰富，特别是地方品种的优异种质特性，是几千年来多样化的自然生态环境所选择的结果，也是劳动人民长期选育的结果，许多优良地方畜禽品种具有适应性强、耐粗饲、繁殖率高和产品优质的特点。我国于 2006 年全面开展了第二次全国畜禽遗传资源普查，此次畜禽资源普查共调查了 1 200 多个畜禽品种（资源），并于 2011 年完成了《中国畜禽遗传资源志》的编写，其中共收录了 747 个畜禽品种。2020 年 5 月 29日，国家畜禽遗传资源委员会组织整理、汇编了《国家畜禽遗传资源品种名录》，包括现有 33 种畜禽的地方品种、培育品种及配套系、引入品种及配套系，其中传统畜禽 17 种，特种畜禽 16 种。《国家畜禽遗传资源目录》从科学性、专业性与实践性的角度对家养畜禽和野生动物作出了界定，明确了哪些动物属于家畜家禽，也就是明确了哪些畜禽遗传资源的保护利用、繁育、饲养、经营、运输等活动适用于《中华人民共和国畜牧法》。

　　根据《国家畜禽遗传资源目录》，国家畜禽遗传资源委员会同步公布了《国家畜禽遗传资源品种名录》(2021 版)，将家养畜禽种细化到品种(配套系)，进一步明确了我国畜禽遗传资源的界定和分类。目前我国畜禽遗传资源共计 948 个品种和类群(表 1 - 10)，其中地方品种(类群)为 547 个(占 57.7%)、培育品种(配套系)有 245 个(占 25.8%)、引入品种(配套系)有 156 个(占 16.5%)。

表 1 - 10　我国畜禽遗传资源状况

类别	序号	种类	地方品种数量（个）	培育品种及配套系数量（个）	引入品种及配套系数量（个）	合计（个）
传统畜禽	1	猪	83	39	8	130
	2	普通牛	55	10	15	80
	3	瘤牛	—	—	1	1
	4	水牛	27	—	3	30
	5	牦牛	18	2	—	20
	6	大额牛	1	—	—	1
		小计	184	51	27	262
	7	绵羊	44	32	13	89
	8	山羊	60	12	6	78
		小计	104	44	19	167
	9	马	29	13	16	58
	10	驴	24	—	—	24
	11	骆驼	5	—	—	5
	12	兔	8	14	13	35
	13	鸡	115	85	40	240
	14	鸭	37	10	8	55
	15	鹅	30	3	6	39
	16	鸽	3	2	4	9
	17	鹌鹑	—	1	2	3
		小计	251	128	89	468
	合计		539	223	135	897
特种畜禽	18	梅花鹿	1	7	—	8
	19	马鹿	1	3	1	5
	20	驯鹿	1	—	—	1
	21	羊驼	—	—	1	1
	22	火鸡	1	—	4	5
	23	珍珠鸡	—	—	1	1
	24	雉鸡	2	2	1	5
	25	鹧鸪	—	—	1	1

（续）

类别	序号	种类	地方品种数量（个）	培育品种及配套系数量（个）	引入品种及配套系数量（个）	合计（个）
特种畜禽	26	番鸭	1	1	2	4
	27	绿头鸭	—	—	1	1
	28	鸵鸟	—	—	3	3
	29	鸸鹋	—	—	1	1
	30	水貂	—	8	2	10
	31	银狐	—	—	2	2
	32	北极狐	—	—	1	1
	33	貉	1	1	—	2
	合计		8	22	21	51
总计			547	245	156	948

注：表中数据来源于《国家畜禽遗传资源品种名录》（2021版）。

我国地方畜禽品种是中华民族的宝贵遗产，并对我国畜牧业的可持续发展有着极其重要的意义。但是因为某些地方品种的生产性能不能适应变化中的市场需求，更多情况下则是由于人们对有些地方品种资源之优良特性的认识不足，简单地采用了以引入外来品种取代或盲目杂交改良的手段，致使其中一些极有潜在遗传和经济价值的地方品种的数量下降。受多种因素的影响，我国某些地方品种逐渐地被杂交种所取代，具有丰富遗传基因的地方品种由于不断被改良，数量急剧减少甚至消亡，这种趋势随着畜禽集约化程度的提高正在进一步加剧。20世纪80年代的普查中，全国共有596个畜禽品种，其中本国为358个，其中有9个地方品种已经灭绝，8个品种濒临灭绝，20个品种有效含量急剧下降。90年代之后，品种消失速度加快，其中有7个地方品种或类群已经灭绝。2000年调查的17个省的331个品种中，处于濒危或将要灭绝的品种为59个，另有7个品种已经灭绝。同时约有93%的猪、44%的马驴、35%的牛、20%的家禽、15%的绵山羊种质资源受到不同程度的威胁。

从1983年第一次全国畜禽遗传资源普查以来，我国畜禽遗传资源发生了一定变化。41.9%的地方品种群体数量有不同程度的下降。

已经灭绝的资源为：

1983年确认灭绝的资源有10个：九斤黄鸡、太平鸡、临桃鸡、武威斗鸡、塘脚牛、阳坝牛、高台牛、深县猪、枣北大尾羊、项城猪。

1999年确认灭绝的资源有7个：豪杆嘴型内江猪、大普吉猪、草海鹅、文山鹅、思茅鹅、萧山鸡、舟山火鸡。

濒临灭绝的资源为（1999年）15个：五指山猪、龙游乌猪、潘郎猪、通城猪、八眉猪、樟木黄牛、兰州大尾羊、鄂伦春马、铁岭挽马、金州马、北京油鸡、浦东鸡、灵昆鸡、宁静鸡、樟木鸡。

濒危资源为（1999 年）44 个：巴马香猪、江口萝卜猪、官庄花猪、闽北花猪、兰溪花猪、碧湖黑猪、金华猪、蓝塘猪、杭猪、武夷黑猪、槐猪、北港猪、六白猪、里岔黑猪；早胜牛、安西牛、舟山黄牛、阿沛甲咂牛、斯布牦牛、帕里牦牛、三江牛、大额牛、盐津水牛、温州水牛、阿尔泰白头牛；腾冲马、晋江马、山丹马、黑河马、黑龙江马、关中马、宁强马、伊吾马；圭山山羊、马关无角山羊、承德无角山羊、汉中绵羊；金阳丝毛鸡、西双版纳斗鸡、高脚鸡、矮脚鸡、漳州斗鸡、吐鲁番鸡；中蜂。

二、我国畜禽遗传资源利用情况

根据《中华人民共和国畜牧法》的要求，按照"分级管理、重点保护"的原则，从1998 年开始，通过实施畜禽良种工程、畜禽种质资源保护等项目，农业农村部先后投入 5亿多元资金，建设了一批重点畜禽保种场、保护区和基因库。对列入《国家级畜禽遗传资源保护名录》的品种开展登记工作，建立濒危畜禽遗传资源动态监测预警信息系统。开展品种性能登记和种质特性评估与分析，提高保种效率，挖掘地方品种种质特性，为畜禽地方品种交流、开发提供数据平台，为种畜禽企业利用地方品种培育畜禽新品种和配套系提供参考和依据。截止 2019 年，53% 的畜禽地方品种得到产业化开发利用。

（一）家禽

"十二五"以来，我国先后鉴定了太行鸡、广元灰鸡、麻城绿壳蛋鸡、拉伯高脚鸡、富蕴乌鸡、天长三黄鸡等地方鸡种资源。2014 年 2 月，农业部公布了修订的《国家级畜禽遗传资源保护名录》，有 28 个地方鸡、10 个地方鸭、11 个地方鹅品种入选，截至 2017年 6 月，农业部确立了 2 个国家级地方鸡种基因库、2 个国家级水禽基因库和多个家禽保种场，各地也公布了省级地方家禽保护名录和省级保种场，加大了资源保护的资金投入力度，为新品种培育积累了丰富的育种素材。一些配套系完全或者基本运用我国地方禽种资源培育而成，如苏禽绿壳蛋鸡、天露黑鸡、天露黄鸡、桂凤 2 号肉鸡、京星黄鸡 103、天农麻鸡、黎村白鸡、鸿光黑鸡、苏邮 1 号蛋鸭等，地方鸡种开发利用较好的有文昌鸡、清远麻鸡、广西三黄鸡等品种。

（二）生猪

我国地方猪种利用主要分为 4 种方式：一是培育新品种和新品系（专门化品系）。目前培育的生猪新品种仅有 2 个没有利用我国地方猪血缘，在一定程度上保留了中国地方猪种的特色，育种后都能在本地区推广，产生一定的经济效益，如南昌白猪、湘村黑猪和苏太猪等。二是纯种选育进行配套系或直接杂交利用。有 5 个配套系直接利用地方猪品种作为专门化品系，有 6 个配套系利用了用地方猪血统合成的专门化品系，极大地满足了我国生猪市场对优质、特色猪肉的需求，又促进了地方猪的保护和利用。三是纯种选育开发成高端地方品种品牌猪肉。目前开发利用比较成功的有宁乡花猪、淮猪、乐安花猪、金华猪等。四是培育成微型猪或近交系。主要包括五指山猪、巴马香猪、迪庆藏猪、滇南小耳猪等，是人类疾病研究的理想模型，育成的五指山猪近交系的近交系数高达 0.974，累计向数十个医院、研究所、高校等科研单位提供上千头近交系五指山猪，用于医学研究。

（三）肉牛

长期以来，国家在保护地方品种资源方面做了大量的工作，农业部 2014 年公布的国家级畜禽品种资源保护名录中，包括秦川牛、晋南牛、南阳牛、鲁西牛、延边牛等 21 个地方牛品种，确立了 14 个国家级保种场和 2 个国家级保护区，这些种质资源为开展肉牛遗传改良奠定了良好的群体基础。在调研地方黄牛秦川牛、大别山牛、渤海黑牛和牦牛资源等的基础上，开展遗传多样性评估，对生长发育及特色性状，如肉质、适应性等进行基因发掘研究；完善种牛场中长期育种规划与方案。

（四）绵羊和山羊

我国绵羊、山羊地方品种和资源类型十分丰富，分布广泛，所具有的丰富遗传多样性是生物遗传资源的重要组成，为我国羊产业的可持续发展提供了多样化的品种资源和为品种创新提供了宝贵的育种素材。目前，已产业化开发的地方绵羊、山羊品种有 56 个，占比 55%，其中 11 个已用于培育新品种，占比 11%。我国地方绵羊、山羊品种的开发利用主要有三个方面：一是成为我国羊生产的主导品种。如湖羊具有早熟、高繁、肉质细嫩、生态幅度大和适于规模舍饲等优异特性，在舍饲和半放牧半舍饲养羊地区得到大面积的推广，是我国目前市场占有率最高的羊品种。二是成为品种创新的重要育种素材。以中国美利奴羊、新吉细毛羊和敖汉细毛羊等地方品种为母本，培育超细型毛羊新品种苏博美利奴羊，以小尾寒羊作母本培育肉用绵羊新品种鲁西黑头羊。三是成为特色高端羊产品和极端环境的重要生产资料。滩羊肉质细嫩、膻味轻、营养丰富，用于生产高档优质羊肉，湖羊羔皮享有"软宝石"之称，是制作高档羊皮制品的良好原料，兰坪乌骨羊具有保健功能和药膳作用，藏羊是我国青藏高原地区主要家畜品种之一，具有独特的生物学特性，是高寒藏区牧民饲养的主体畜种，并在其经济和社会中占有重要地位。

第二章　我国畜禽遗传资源保护体系建设

我国畜禽遗传资源保护体系建设起步较早，改革开放以来得到较快的发展，畜禽遗传资源管理、保护、繁育、推广与应用体系结构已基本形成，这对于保护我国珍贵的畜禽品种资源、提高良种化水平、促进畜牧业的发展起到了重要作用。我国已建设了一定数量和规模的资源保种场、保护区和基因库，构成了我国现有资源保护体系的主体，承担着保种、育种和供种的任务。要充分利用我国畜禽遗传资源保护体系，有效保护我国畜禽遗传资源。

第一节　保种管理体系

一、畜禽遗传资源管理主管部门职责

（1）负责组织畜禽遗传资源的调查工作，发布国家畜禽遗传资源状况报告，公布经国务院批准的《国家畜禽遗传资源目录》。

（2）根据畜禽遗传资源分布状况，制定全国畜禽遗传资源保护和利用规划，制定并公布《国家级畜禽遗传资源保护名录》，对原产我国的珍贵、稀有、濒危的畜禽遗传资源实行重点保护。

（3）根据全国畜禽遗传资源保护和利用规划及《国家级畜禽遗传资源保护名录》，建立或者确定畜禽遗传资源保种场、保护区和基因库，承担畜禽遗传资源保护任务。

（4）负责从境外引进畜禽遗传资源、向境外输出或者在境内与境外机构、个人合作研究利用列入《国家级畜禽遗传资源保护名录》的畜禽遗传资源的审批。

二、国家畜禽遗传资源委员会

为了加强对畜禽遗传资源的管理，1996 年农业部批准成立了国家家畜禽遗传资源管理委员会。2007 年 5 月更名为国家畜禽遗传资源委员会，标志着我国畜禽遗传资源保护与利用工作迈进了一个崭新的发展阶段，是促进我国畜牧业可持续发展的一个重要里程碑。国家畜禽遗传资源委员会（下称"委员会"）下设猪、家禽、牛马驼、羊、蜜蜂和其他畜禽 6 个专业委员会，委员会的办事机构设在全国畜牧总站。委员会的功能是：①负责畜禽新品种、配套系的审定。《中华人民共和国畜牧法》规定，各地培育的畜禽新品种、配套系在推广前，应当通过国家畜禽遗传资源委员会审定。委员会依据《畜禽新品种配套系审定和畜禽遗传资源鉴定办法》及其技术规范开展审定工作，确保种畜禽质量安全，维护畜牧业生产经营者的合法权益。②负责畜禽遗传资源的鉴定、评估。委员会应对新发现

的畜禽遗传资源进行及时鉴定，对现有资源新的种质特性、遗传特征进行充分挖掘，了解资源的遗传信息，明确其利用价值，为有效保护资源提供科学依据，并从技术角度开展畜禽遗传资源进出境和对外合作研究利用的评估工作，在确保国家珍惜资源不外流、维护国家生态安全的前提下，促进种质和信息交流。③承担畜禽遗传资源保护与利用规划论证及有关畜禽遗传资源保护的咨询工作。委员会参与全国性或区域性畜禽遗传资源调查工作，及时掌握国内外畜禽资源状况和发展动态，参与起草、论证资源保护利用规划。④协助完成畜禽遗传资源保护和管理工作。畜禽遗传资源保护与利用是一项系统工程，包括建立资源保护制度；实施资源调查；制定《国家畜禽遗传资源目录》和《国家级畜禽遗传资源保护名录》；建立或确定保种场、保护区和基因库，开展保种工作；起草、修订和完善有关的法律法规；优良畜禽品种的选育、引进和推广应用；发展健康养殖等。2012 年 3 月 22日，农业部公布了第二届国家畜禽遗传资源委员会及各专业委员会组成名单。2017 年 11月 20 日，第三届国家畜禽资源委员会成立大会在北京召开。农业部副部长、国家畜禽遗传资源委员会主任于康震在会上强调，要进一步发挥国家畜禽遗传资源委员会的作用，大力提升畜禽遗传资源保护与利用水平，增加"特、精、美"和优质畜产品供给，让畜牧业成为农业农村优先发展的支柱产业、农民就业增收和农村"双创"的重要产业。2018 年 7月 28 日，党中央国务院批准农业农村部"三定"方案，决定组建农业农村部种业管理司，主要职责是起草农作物和畜禽种业发展政策、规划，组织实施农作物种质资源、畜禽遗传资源保护和管理等。2019 年 2 月 13 日，根据农业农村部"三定"职责分工，以及《国家畜禽遗传资源委员会职责及组成人员产生办法（2019 年修订）》有关规定，对第三届国家畜禽遗传资源委员会组成人员进行调整，增补蚕专业委员会及组成人员，其他专业委员会组成人员不变。

三、畜禽遗传资源保护的法律法规体系

（一）国际法律法规

1. 《生物多样性公约》

《生物多样性公约》是一项保护全球生物资源多样性的公约，于 1992 年由 188 个缔约方在巴西里约热内卢举行的联合国环境与发展大会上签署，1993 年 12 月 29 日正式生效。公约核心是确定遗传资源国拥有资源的主权，并且对拥有主权的遗传资源立法、制定政策、制定管理措施等权利。该公约目标是生物遗传资源的保存、可持续利用、公平和惠益共享利用。公约第 3 条规定依照联合国和国际法原则，各国具有按照其环境政策开发其资源的主权，同时亦负有责任，确保在它管辖或控制范围内的活动不致对其他国家的环境或该国家管辖范围以外地区环境造成损害；第 8 条第 1 款规定依照国家立法，尊重、保存和维持土著和地方社区体现传统方式而与生物多样性的保护和持续利用相关的知识、创新和做法并促进其广泛利用，由此等知识、创新和做法的拥有者认可和参与其事并鼓励公平地分享因利用此等知识、创新和做法而赢得的惠益等；第 15 条规定获取遗传资源的决定权属于国家政府，并依照国家法律行使，遗传资源的取得须经提供资源的缔约国事先知情同

意，除非该缔约国另有决定。

加强生物多样性保护，是生态文明建设的重要内容，是推动高质量发展的重要抓手。2010 年 9 月，我国制定并实施了《中国生物多样性保护战略与行动计划（2011—2030 年）》，生物多样性保护工作取得了显著成效，为维护全球生态安全发挥了重要作用。《生物多样性公约》第十五次缔约方大会定于 2021 年 10 月 11 日至 24 日在云南昆明举办，同期举行《生物安全议定书》《遗传资源议定书》缔约方会议。

2. 《波恩准则》

《波恩准则》于 2001 年 10 月在德国波恩通过，在 2002 年第 6 次缔约方会议的 24 号决议批准，其目标是提供缔约方和利益有关者一个透明的框架来促进获取遗传资源和分享惠益制订实施细则。《波恩准则》列出了获取和惠益过程中的主要步骤，包括确认事先知情同意和共同商定条件所需的基本组成部分，还列出了遗传资源使用者和提供者的主要角色和责任，包括使用遗传资源所产生的货币和非货币惠益清单。

3. 《卡塔赫纳生物安全议定书》

《卡塔赫纳生物安全议定书》于 2000 年 1 月通过，2003 年 9 月 11 日生效，有 125 个缔约方。主要目标是通过保护生物技术产品，试图保护生物多样性免受生物技术修饰，在畜禽遗传资源方面包括瘤胃微生物的生物技术修饰、疫苗以及生长促进剂等生物制剂，以及对人体的负面影响，对生物资源多样性保护的影响。

4. 《与贸易有关的知识产权协定》

《与贸易有关的知识产权协定》是一部在世界贸易活动中保护相关知识产权的国际条约，生效于 1995 年 1 月。关于畜禽遗传资源和它所属产品的知识产权包括商标、专利、地理标识和贸易机密。目前，在国际上以专利制度来实现对生物遗传资源的知识产权保护。我国传统上不对品种和基因授予专利或其他保护，但自从加入 WTO 和签订了相关国际条约后，遵守其规定，并在国内法律中该领域里做出了必要修改。

（二）国内法律法规及重要指导意见

1. 《中华人民共和国畜牧法》

2005 年 12 月 29 日，《中华人民共和国畜牧法》经第十届全国人民代表大会常务委员会第十九次会议表决通过，于 2006 年 7 月 1 日起实施，这是我国畜牧业法制建设的一件大事，是畜牧业发展史上的重要里程碑。它是依据我国实际情况和所签订的国际条约而制定的，充分体现了《生物多样性条约》的三原则。《中华人民共和国畜牧法》规定了国家建立畜禽遗传资源保护制度、国务院畜牧兽医行政主管部门设立国家畜禽遗传资源委员会、制定和公布《国家畜禽遗传资源目录》和《国家级畜禽遗传资源保护名录》等。《中华人民共和国畜牧法》还规范了畜牧业生产经营行为，保障畜禽产品质量安全，维护畜牧业生产经营者的合法权益，促进了畜牧业持续健康发展。

为了更好地达到《中华人民共和国畜牧法》加强畜禽遗传资源保护和管理工作的目的，依据《中华人民共和国畜牧法》的有关规定，农业部制定了于 2006 年 7 月 1 日生效的《畜禽遗传资源保种场、保护区和基因库管理办法》《畜禽新品种配套系审定和畜禽遗传资源鉴定管理办法》，国务院制定了《畜禽遗传资源进出境和对外合作研究利用审批办法》等一系列配套规范性法律文件。

《中华人民共和国畜牧法》明确了种畜禽进口的规定：一方面是申请进口种畜禽的，应当持有种畜禽生产经营许可证。进口种畜禽的批准文件有效期为六个月。进口的种畜禽应当符合国务院畜牧兽医行政主管部门规定的技术要求。另一方面是首次进口的种畜禽还应当由国家畜禽遗传资源委员会进行种用性能的评估。种畜禽的进出口管理除适用前两款的规定外，还适用该法第十五条和第十六条的相关规定。国家鼓励畜禽养殖者对进口的畜禽进行新品种、配套系的选育；选育的新品种、配套系在推广前，应当经国家畜禽遗传资源委员会审定。

2.《国务院办公厅关于加强农业种质资源保护与利用的意见》

《国务院办公厅关于加强农业种质资源保护与利用的意见》（国办发〔2019〕56号）（以下简称"《意见》"）于2020年2月11日正式公布，《意见》规定农业种质资源主要包括作物、畜禽、水产、农业微生物种质资源，进一步明确农业种质资源保护的基础性、公益性定位，坚持保护优先、高效利用、政府主导、多元参与的原则，创新体制机制，强化责任落实、科技支撑和法治保障，构建多层次收集保护、多元化开发利用和多渠道政策支持的新格局，为建设现代种业强国、保障国家粮食安全、实施乡村振兴战略奠定坚实基础。《意见》就加强农业种质资源保护与利用提出五个方面政策措施：一是要开展系统收集保护，实现应保尽保。开展农业种质资源全面普查、系统调查与抢救性收集。加强农业种质资源国际合作交流，建立农业种质资源便利通关机制。完善农业种质资源分类分级保护名录，开展农业种质资源中长期安全保存。二是要强化鉴定评价，提高利用效率。搭建专业化、智能化资源鉴定评价与基因发掘平台，建立全国统筹、分工协作的农业种质资源鉴定评价体系。深度发掘优异种质、优异基因，强化育种创新基础。三是要建立健全保护体系，提升保护能力。实施国家和省级两级管理，建立国家统筹、分级负责、有机衔接的保护机制。开展农业种质资源登记，实行统一身份信息管理。充分整合利用现有资源，构建全国统一的农业种质资源大数据平台。四是要推进开发利用，提升种业竞争力。组织实施优异种质资源创制与应用行动，推进良种重大科研联合攻关。深入推进种业科研人才与科研成果权益改革，建立国家农业种质资源共享利用交易平台。发展一批以特色地方品种开发为主的种业企业，推动资源优势转化为产业优势。五要完善政策支持，强化基础保障。合理安排新建、改扩建农业种质资源库（场、区、圃）用地，科学设置畜禽种质资源疫病防控缓冲区。健全农业科技人才分类评价制度。

第二节　保种体系的建设

建立配套完善的畜禽遗传资源保护体系，加强畜禽地方品种的科学保护，在此基础上进一步培育、利用、推广我国的优良地方品种，发挥我国畜禽遗传资源的遗传潜能，对于促进畜牧业向优质、高效、可持续方向发展是十分重要的。

一、国家畜禽遗传资源保种场、保护区和基因库申报

我国对国家级畜禽遗传资源保护实行专项资金扶持和管理。根据《全国畜禽遗传资源保护和利用规划》以及《国家级畜禽遗传资源保护名录》的要求，从事《国家级畜禽遗传资源保护名录》内畜禽资源保护工作、符合要求的单位或者个人，可以按照《畜禽遗传资源保种场保护区和基因库管理办法》申报国家级畜禽遗传资源保种场、保护区和基因库。申请国家级畜禽遗传资源保种场、保护区、基因库的单位或者个人，应当于每年3月底前向省级人民政府畜牧行政主管部门提交下列材料：一，申请表（见附表）；二，符合第二章规定条件的说明资料；三，系谱、选育记录等有关证明材料；四，保种场和活体保种的基因库还应当提交《种畜禽生产经营许可证》复印件。

从1995年开始，我国启动了畜禽遗传资源保护财政专项。具备国家级畜禽遗传资源保种场、保护区、基因库资格的单位，可申请畜禽遗传资源保护项目资助，地方财政应给予资金配套。在实施资源保护专项方面，要本着根据"重点、濒危、特定性状"保护原则，从项目建设必要性、建设内容及规模、保种方案、申报单位的工作基础和技术力量等方面进行严格把关，保证畜禽遗传资源保护项目的科学性和可行性。

二、畜禽遗传资源活体保种体系

20世纪50年代，我国建立了一批种畜禽场。到80年代，国家投入了上亿元资金在全国各地建立了一大批各具特色的优良地方品种保种场和种公牛站。"八五"期间，农业部又确认了83个国家级重点种畜禽场，对一些优良地方品种保种场的基础设施进行了建设；各省、地、县根据当地的资源优势和特点，也建立了一批地方种畜禽场，划定保护区，制定保种方案和进行良种登记，有计划地开展了保种选育工作。1998年以来，为完善畜牧业基础设施，农业部把畜禽良种繁育体系建设列入重点支持项目，提出了《加强全国畜禽良种繁育体系建设意见》，制定了《全国畜禽良种工程建设规划（1998—2002）》，将畜禽品种资源的保护和开发利用列为畜禽良种繁育体系建设的重要组成部分。2000年8月23日，农业部公告了78个国家级畜禽品种资源保护品种，并及时为这些品种确立了一批国家级品种资源保护场、保护区、基因库。二期良种工程（2003—2007）将保护家畜品种资源提到了实现可持续发展的高度。先后建立了100多个重点资源保种场、保护区和基因库。根据"重点、濒危、特定性状"保护原则，采取原产地保种和异地基因库保存相结合的方式，100多个重点遗传资源得到了保护，抢救了大额牛、荷包猪、鹿苑鸡等一批濒临灭绝的畜禽品种，初步建立了畜禽遗传资源保护体系，为畜牧业的可持续发展奠定了基础。2006年6月2日，农业部公告了八眉猪等138个畜禽品种为国家级畜禽遗传资源保护品种。2014年2月14日，根据《中华人民共和国畜牧法》第十二条的规定，结合第二次全国畜禽遗传资源调查结果，对《国家级畜禽遗传资源保护名录》进行了修订，确定八眉猪等159个畜禽品种为国家级畜禽遗传资源保护品种。

中国农业科学院家禽研究所收集、保存了20个具有代表性的地方鸡种：丝羽乌骨鸡、

仙居鸡、固始鸡、萧山鸡、北京油鸡、新狼山鸡、白耳鸡、鹿苑鸡、大骨鸡、青壳蛋鸡、藏鸡、茶花鸡、中国斗鸡、狼山鸡、清远麻鸡、文昌鸡、崇仁麻鸡、石歧鸡、尤溪麻鸡、矮脚黄等。

截至 2020 年底，国家级畜禽遗传资源保种场、保种区、基因库数量已达 199 个，其中基因库 6 个、保护区 26 个、保种场 167 个。

三、生物技术保种体系

全国畜牧总站畜禽种质资源保存中心，是农业部 1992 年根据世界银行中国农业支持服务项目，经过国家经贸委、财政部批准立项建设的，1997 年完成项目建设并投入使用。2008 年，由农业部授予国家级家畜基因库。主要从事全国畜禽遗传资源冷冻精液、冷冻胚胎和体细胞等遗传物质的制作、收集和保存工作；2005 年起，还承担全国种畜品质检测和奶牛生产性能测定（DHI）标准物质的制备等任务。

截至 2020 年 12 月底，家畜基因库已经收集保存猪、马、牛、羊等 370 个品种的冷冻精液、冷冻胚胎、体细胞、血液等遗传材料 96 万份，总量居亚洲第一、世界第二。秦川牛、湖羊等家畜冷冻精液保存时间超过 30 年，胚胎保存已逾 20 年。河套大耳猪、浦东白猪、温岭高峰牛、兰州大尾羊、承德无角山羊等濒危或濒临灭绝家畜品种遗传材料都已入库保存。

延边牛、鲁西牛等畜种部分库存冷冻精液已返回原产地，用于恢复本品种现有群体的品质并培育优良品种。湖羊库存 30 年冷冻精液、20 年冷冻胚胎复苏试验取得重大成果，羔羊羔皮雪白、波浪花纹明显，完整地再现了 20 多年前的湖羊种质特性。

全国畜牧总站不断加强对家畜基因库的管理，制定了家畜基因库的管理办法，对遗传材料保存工艺和基础设施进行升级改造，引进成套大容量液氮自动添加与监测设备，配置了冰箱温度有线监控设备和基因库环境监测设施，实现了家畜基因库的信息化管理，有力提升了家畜基因库的安全水平。

经过多年实践和总结，该中心已经建立并完善了我国地方家畜冷冻精液、胚胎、体细胞等遗传材料收集、保存、质量检测等技术体系。先后组织开展了我国猪、牛、羊等地方遗传资源分类、鉴定等技术研究，多次获得省部级科技研究成果（进步）奖励。积极参与《畜禽遗传资源保种场保护区和基因库管理办法》《家畜遗传材料生产许可管理办法》的制定，组织制定《畜禽遗传资源调查技术规程》等国家或行业标准 30 多项，参加国家科技部"家养动物种质资源平台运行服务"项目、中国农业大学"家畜胚胎技术保存示范"项目，在国内外杂志发表文章 30 余篇。

四、畜禽遗传资源保种场运行模式

（一）国有事业型保种场

国有事业型保种场是企业化管理的事业单位，保种经费每年由地方财政划拨，其中国家级畜禽保护品种申请农业农村部保种经费扶持。这是计划经济时期延续的一种保种模式，其特点是保种目标明确，优良种质资源一般能得到有效保护。但由于经费严重不足，缺乏必要的投入，加上机制不灵活，群体规模小，基础设施落后，多数保种场只能为保种而保种，品种资源得不到有效的开发和利用。政府主管部门必须增加对国家级重点畜禽品种保种场的投入，加强组织管理，改善基础设施，建立规范化、标准化的技术措施，扶持对优良地方畜禽遗传资源的开发利用。

（二）民营企业控股型保种场

民营企业控股型保种场是从 2004 年发展起来的新型保种机构，由国有事业种畜禽场转制或民营企业收购形成，具有开发型保种模式。把工商资本、民间资金投入畜禽品种保护和开发利用，改变了长期以来国有种畜禽场一统天下保种的局面。民营资本的引入不仅突破了畜禽遗传资源保护和开发利用中资本短缺的制约，同时还将现代企业制度引入保种领域，把畜禽遗传资源保护、产品开发、加工销售与市场开拓有机地融为一体，促进了保种与开发利用有机结合，发挥出强大的实力。民营企业控股型保种场的特点是以市场为导向，高起点、高投入，企业化运作，以开发促保种，集养殖、研发、加工为一体。但这种模式的缺点为：企业是以经济效益为第一位的，当与经济效益发生冲突时，保种的连续性和效果可能会受到影响，因此，政府主管部门必须加强对这类保种场的监督和检查。

五、建　议

国家要有统一的遗传资源保护规划和扶持，统一的保护标准，统一的技术服务。体系内各个环节要加强自身建设，提高技术水平，体系内部要加强协作，互相支持，这样有统有分，分工明确，才能最大限度地发挥国家和地方的政策、技术、资金、资源优势，有效地保护我国畜禽遗传资源。

保护生物多样性是一项为人类造福的事业，往往不会有近期经济效益，相反需要有一定的投入。我国是畜禽多样性资源较丰富的国家之一，因此需要投入的保护资金也最多。保种，是一项事业性任务，行政主管部门必须对这项工作进行科学管理，才能使国家的财政投入获得最大的效益。各级行政对具体执行单位下达的任务必须明确具体，做到有布置、有检查、有投入、有效益。

我国在畜禽遗传资源保护、开发、利用体系建设方面已经取得一定的成效，但这些与我国畜禽资源现状、畜牧业可持续发展对畜禽遗传资源的要求还有一定的差距，尚需进一步完善和提高。

第三章　种群的遗传演变

种群（population）一词源于拉丁语 populus，原意为人群，在昆虫学中译为虫口，分类学家译为居群，生态学家普遍译为种群。种群是由同种个体所组成的，占有一定空间的，具有潜在杂交能力和自己独立的特征、结构和机能的整体，是物种在自然界存在的基本单位，例如同一个地方的秦川牛。种群内和种群之间的遗传变异构成了畜禽遗传资源的基本内容。种群遗传特性的演变也就是遗传资源的变化。

第一节　群体遗传变异分析

一、与群体遗传变异相关的常用概念

1. 基因频率和基因型频率

基因频率（gene frequency）指一个群体内某特定基因座（locus）上某种等位基因占该座位等位基因总数的比例，也称为等位基因频率。基因型频率（genotype frequency）指某一个群体内某种特定基因型所占的比例。基因型频率与基因频率都是用来描述群体遗传结构（性质）的重要参数。从群体水平看，生物群体进化就表现为基因频率的变化，也就是群体配子类型和比例变化（对一个基因座位而言），所以基因频率是群体性质的决定因素。对任何一个群体样本，可检测各种基因型个体数、各种等位基因数（不同配子数），因此可以估计群体的基因型频率与基因频率。在一个已知基因型频率的群体中，配子种类与比例（基因频率）就可以确定；然而已知基因频率却不一定能够估计其基因型频率。

2. 基因库

一个种群中全部个体所含有的全部基因称作这个种群的基因库（genebank）。也就是说，当从基因和基因型的角度来认识个体时，群体就是基因库，因而基因库也就是包含所有个体拥有的全部基因的群落空间。以家畜为例，任何基因库都容纳着 2 倍于个体数的染色体组，除性连锁座位外，各座位上都拥有 2 倍于个体数的等位基因。

3. 孟德尔群体

在个体间有相互交配的可能性，并随世代进行基因交换的有性繁殖群体，称为孟德尔群体（Mendelian population）。但是，孟德尔群体强调世代相传过程中的有性化，与之相对的是无性生殖种群。在通常情况下，种间不能实现有性生殖，因而一个孟德尔群体可能的最大范围是物种，因为物种是群体内发生的遗传变异扩散的最大极限。

二、群体遗传变异的度量

目前，度量群体遗传变异的方法有很多，但各有其优缺点和适用范围，现列举出几种常用的方法。

1. 纯合度（homozygosity，Ho）

用来度量某一群体中特定座位上等位基因纯合程度的指标。计算公式如下：

$$Ho = \sum_{i=1}^{n} P_i^2$$

式中：P_i 为任一随机交配群体中某一座位上第 i 个等位基因的频率（$i=1$，2，3，…，n）。

2. 杂合度（heterozygosity，He）

杂合度是与纯合度相对而言的，可用来度量一个群体中某一基因座上等位基因间杂合的程度。计算公式如下：

$$He = 1 - \sum_{i=1}^{n} P_i^2 \ \text{或} \ He = 1 - Ho$$

式中：P_i 为任一随机交配群体中某一座位上第 i 个等位基因的频率（$i=1$，2，3，…，n）。

3. 有效等位基因数（effective number of alleles，Ne）

有效等位基因数是基因纯合度的倒数，反映了等位基因间的相互影响，是衡量基因纯合度的另一指标。计算公式如下：

$$Ne = 1 \Big/ \sum_{i=1}^{n} P_i^2$$

式中：P_i 为任一随机交配群体中某一座位上第 i 个等位基因的频率（$i=1$，2，3，…，n）。

4. 多态信息含量（polymorphism information content，PIC）

多态信息含量是衡量位点变异程度高低的一个指标。$PIC<0.25$ 为低度多态，$0.25 \leqslant PIC \leqslant 0.5$ 为中度多态，$PIC>0.5$ 为高度多态。计算公式如下：

$$PIC = 1 - \sum_{i=1}^{m} P_i^2 - \sum_{i=1}^{m-1} \sum_{j=i+1}^{m} 2P_i^2 P_j^2$$

式中：m 为等位基因数目；P_i 和 P_j 分别为第 i 和第 j 个等位基因的基因频率。

5. Shannon 信息熵（S）

信息理论的鼻祖之一 Claude E. Shannon 把信息（熵）定义为离散随机事件的出现概率。Shannon 信息熵在遗传学上的含义为多样性指数，可反映群体世代的多样性变化，Shannon 信息熵值越大，表明群体的遗传多样性越高。计算公式如下：

$$S = - \sum_{i=1}^{n} P_i \ln P_i$$

式中：P_i 为第 i 个等位基因的基因频率（$i=1$，2，3，…，n）；$\ln P_i$ 为 P_i 的自然对数。

三、评估群体遗传变异的软件

为了对天然群体的遗传多样性进行研究，分子生态学专家开发出了一系列的评估软件，用于计算和检测生物群体基因变异的度量和遗传指标，其中用得比较广泛的有 POPGENE、FSTAT、ARLEQUIN、GENEPOP、STRUCTURE、NTSYSpc 等。

1. POPGENE 软件

该软件是由 FrancisYeh 等人开发的用共显性和显性标记来研究种群内和种群间的遗传多样性。该软件操作较简单，功能也比较全，主要包括计算广泛的遗传学数据，如等位基因频率、遗传多样性、遗传距离、G 统计量（G - statistics）、F 统计量（F - statistics）等以及复杂的遗传学数据，如基因流、中性检测、连锁不平衡、多位点结构等。新版本的 POPGENE 还可用来分析数量遗传变异以及提供更高质量的系统聚类图。

POPGENE 下载地址：http：//www. seekbio. com/soft/1059. html。

2. FSTAT 软件

FSTAT 软件包是 JérômeGoudet 开发的用于计算共显性标记的遗传多样性和遗传分化参数。该软件的功能包括：可检测样本和总体水平上的基因频率，观察和期望基因型，等位基因数，基因丰富度；检测整体水平上以及每个样本或位点是否处于哈代-温伯格平衡；计算遗传多样性和遗传分化的 Nei's（1987）估计值等。

FSTAT 下载地址：http：//www. unil. ch/izea/softwares/fstat. html。

3. ARLEQUIN 软件

该软件是由 Excoffier 等开发出来的群体遗传学软件，能提供大量的基础方法和统计学检测。ARLEQUIN 的主要功能有以下几个方面：在群体内，包括计算多态位点、群体内遗传多样性、单倍体频率、连锁不平衡、哈代-温伯格平衡、Tajima's 中性检测、Fu'sFs 中性检测等；在群体间，包括寻找共显的单倍型、分子方差分析、成对的群体间遗传距离、基因型的指派分析等。

ARLEQUIN 下载地址：http：//cmpg. unibe. ch/software/arlequin3/。

4. GENEPOP 软件

GENEPOP 软件包是由 MichelRaymond 和 FrancoisRousset 开发出来的，其主要功能与 FSTAT 相近。在数据处理上，可以将数据直接提交网上计算，也可下载软件计算。主要功能如下：检测哈代-温伯格平衡，提供种群内各位点的平衡状态及种群整体的平衡状态的检验；连锁不平衡的分析；遗传分化和基因流的计算；基因型矩阵，基因频率，观察和期望基因型；转化成 FSTAT、BIOSYS、LINKDOS、ARLEQUIN 的格式；用极大似然估计检测基因频率，将单倍体的信息二倍体化。

直接在线计算地址：http：//genepop. curtin. edu. au/index. html。

5. STRUCTURE 软件

2000 年 Pritchard 等介绍了一种基于多位点基因型数据推断群体结构的模型分类法——Structure 程序，Structure 不需要预先了解样本群体（个体）的地理分布、表型特征、群体融合等信息，群体划分的类别数 K 也无须指定。它通过估计每一个被分析的个体在所有推断类别中的基因组分数，确定个体所属品种类别；分析样本群体（个体）间的亲缘关系，并指出推断类别中的迁移个体或具有复杂遗传基础的个体。STRUCTURE 软件包实现了通过基因型信息来推断群体遗传结构。这种方法可以应用解释现有的群体结构，识别独特的遗传群体，同时将个体指派到群体中，还可鉴定出迁移者和混合的个体。该软件主要有家系模型和等位基因模型。其中家系模型包括不混合模型、混合模型、连锁模型（考虑位点的连锁信息的混合模型）、先前信息模型（可以让使用者指派一些或所有的个体到提前定义好的群体中）。

STRUCTURE 2.2 下载地址：http：//pritch. bsd. uchicago. edu/software/structure 2_2. html。

6. NTSYS - pc 软件

NTSYS - pc 软件可以用来从多元数据中寻找其规律和结构，是形态学和遗传学分类的常用软件。可以用来进行多变量数据分析、数据转换、相似及非相似分析、群集分析、数字性分类系统统计；也可以应用于族群分析、主要成分分析、特征函数向量分析、博立叶变换、合并方差—协方差、遗传距离系数计算等。NTSYS - pc 能将 AFLP、RAPD 和 ISSR 等显性标记分析的群体以单个个体的形式聚类出来。这样可以很直观地看出群体间的关系和混合程度。但对于以共显性标记如 SSR，由于数据处理方面的问题（NYSYS 要求以 1，0 矩阵的形式输入），应用得较少。这款软件需要购买使用。

NTSYSpc 2.2 下载地址：http：//www. exetersoftware. com/cat/ntsyspc/Ntsyspc. html。

第二节　遗传漂变

一、遗传漂变的概念

哈代-温伯格定律，也称基因平衡定律，适用于无限大的群体，这样基因频率才不致因取样误差而随机波动，然而群体并非是无限大的，因而基因频率也会发生波动，这种在有限的群体内由取样误差而产生的基因频率随机波动，称为遗传漂变（genetic drift），或随机漂变。它是由 S. Wright 提出的关于群体遗传结构变化的一个重要理论，又称莱特效应（Wright effect）。

二、发生遗传漂变的原因

遗传漂变的发生是由于在一个小群体内，与其他群体隔离，不能充分地随机交配，因而在群体内基因不能达到完全自由分离和组合，致使基因频率容易发生偏差，这种偏差不是突变、选择等因素引起的，而是由于小群体内基因分离和组合时产生的误差所引起的。尽管遗传漂变在任意群体中都能发生，但群体越小，遗传漂变对基因频率的影响越大。在自然界的某些局部地区，由于气候剧变、地质结构变化、传染病流行或天敌侵害，使动植物个体数量显著减少时，遗传漂变的影响就相当明显，甚至 1～2 代就造成某个基因的固定和另一基因的消失，从而引起群体遗传结构发生改变，而大群体漂变则慢，可随机达到遗传平衡。当漂变结果导致群体中只有一对纯合子，并且留下的这个纯合子是不好的话，会导致濒危。

三、遗传漂变的度量

遗传漂变实质上是基因频率在小种群里随机增减的现象。遗传漂变的强度取决于种群大小，种群越大，遗传漂变越弱；反之，种群越小，遗传漂变越强。

遗传漂变没有确定的方向，但可以用基因频率的方差预见其一代之间的变化程度。1931 年 S. Wright 根据二项分布概率论证过基因频率的随机抽样方差。他认为在一个座位上，可以把所有的等位基因按是否某个特定基因分为两种情况，也就是说，将特定基因的频率和其他所有等位基因的累加频率分别作为二项分布的基础概率来进行分析。

在两性个体数相等而且两性配子完全随机结合的标准条件下，如果群体规模为 N，常染色体上某个特定显性基因的频率为 p，其隐性基因的频率为 q，那么，作为漂变导致的一代间变化的数量标志的基因频率方差为

$$\sigma^2_{\delta q} = \frac{pq}{2N}$$

如果其他前提不变，而该基因在性染色体上，其方差则为

$$\sigma^2_{\delta q} = \frac{2pq}{3N}$$

由以上公式可知，规模越小，基因频率的方差越大，一代间由漂变引起的基因频率改变量也越大；基因频率可能的变化为 0~1，当其值为 0.5 时，其方差最大，当其值越接近两个极端值（0 或 1）时，方差越小。

四、遗传漂变的效应

遗传漂变引起了基因频率的改变，而这些改变对群体的遗传结构有着明显的作用。首先是遗传漂变导致基因频率逐代改变。虽然各群体开始时等位基因的频率都是 0.5，各群体都由于取样误差而引起了逐代基因频率的改变。在每代中基因频率可能增加或减少，从而使逐代频率随机波动和漂变。有的基因频率的值达到了 1.0，有的又降到零。即一个等位基因在群体中被固定或丢失。一旦一个等位基因被固定了，其基因频率就不再发生变化。除非另一个等位基因通过突变或迁移被重新引入。在一个群体中基因固定的概率随时间的推移而增加。遗传漂变的第二个效应就是减少群体中的遗传变异。如开始时基因频率是相等的，等位基因的固定完全是随机的。然而，如果基因频率开始时是不等的，频率较低的等位基因可能会被丢失。在基因漂变或固定的过程中，群体的杂合子数也将减少，固定之后群体中杂合子为零。当杂合子减少时等位基因逐渐被固定，群体便失去遗传变异。

由于遗传漂变引起了基因频率的随机改变，等位基因的频率发生分离。单个群体在相

同方向上将不会发生改变。因此通过遗传漂变群体的基因频率会发生歧化。一个群体开始时一对等位基因的频率 p 和 q 都等于 0.5，几代之后等位基因频率发生歧化，而这种歧化随着代数的增加而增加。当所有的群体一对等位基因中一个基因被固定时其基因频率歧化达到极大值。若基因频率开始时都等于 0.5，则约有半数群体中有一个等位基因被固定，另一半则固定另一个等位基因。

五、遗传漂变的特点

1. 遗传漂变与抽取的样本数有关

样本数越小，基因频率的波动越大；样本数越大，基因频率的波动越小。

例 1：在一个有 1 000 头种猪的猪场中，有 20 头猪是某一隐性有害基因的杂合子（表型与正常猪无区别）。这一隐性基因在该猪群中的频率为 1%。如果有两个买主来场购买种猪，甲买主购买的 10 头种猪中没有一头带有该隐性基因，因而该隐性基因由原来的 1%一下子降到了 0；若乙买主购买的 10 头种猪全部是带有隐性基因的杂合子，则该隐性基因由原来的 1%猛增到 50%。

2. 环境条件的改变可能造成遗传漂变

环境使原来群体的部分个体发生隔离，造成基因频率的改变。

例 2：某牧场猪群中引起阴囊疝的基因（隐性）频率（q）为 0.01，其显性等位基因的频率（p）为 0.99；群体中显性纯合体的频率 $D=0.99^2=0.980\,1$，杂合体频率 $H=2\times0.99\times0.01=0.019\,8$。

如果从这个猪群中选购一公一母两头猪，有三种可能性：

① 两头显性纯合体：概率为 $0.980\,1\times0.980\,1=0.960\,6$，由这两头猪繁殖成的新群体中 $p=1$，$q=0$。

② 两头杂合体：概率为 $0.019\,8\times0.019\,8=0.000\,4$，由这两头猪繁殖成的新群体中 $p=0.5$，$q=0.5$。

③ 一头显性纯合体、一头杂合体：概率为 $2\times0.980\,1\times0.019\,8=0.038\,8$，由这两头猪繁殖成的新群体中 $p=0.75$，$q=0.25$。

由以上情况可知，来自同一群体的小（新）群体，基因频率各不相同，与原群体也不相同。遗传漂变没有确定的方向，但是频率高的基因易向高频率漂变，频率低的基因容易消失，低频率基因向高频率基因漂变概率很小。

总之，一个群体越小，遗传漂变的作用越大；群体越大，遗传漂变作用就越小。当群体很大时，个体间容易达到充分的随机交配，遗传漂变的作用就消失了（或者当群体纯化了，遗传漂变作用就消失了）。

第三节　始祖效应与瓶颈效应

一、始祖效应

当从一个大群体中随机选取少数动物（始祖）以建立一个独立群体时，始祖仅包括了亲本群体部分遗传多样性，结果因为进化压力不同，导致亲本群和新产生群体基因库的进化途径不同。这种过程中体现的一般规律，称始祖原理（founder principle）。在这种由较大群体的少数动物样本作为始祖形成新种群的过程中，遗传漂变所产生的作用，称始祖效应（founder effect）。

二、瓶颈效应

由于遗传漂变的作用，当一个大群体的群体大小变小和增大时，则群体中的基因频率会发生波动（通常是变异下降），称为瓶颈效应（bottleneck effect）。将瓶颈效应与始祖效应进行比较，可知它们产生的过程很相似：从大群体抽出一个很小的样本时，遗传漂变的巨大压力导致基因频率发生重大变化；小群体扩大，形成不同于亲本群的新种群。

三、始祖效应和瓶颈效应对畜禽种群的影响

遗传学上，始祖效应指的是少数个体的基因频率决定了它们后代的基因频率。是由为数不多的几个个体建立起来的新群体所产生的一种极端的遗传漂变作用。

生态学上，由于取样误差，新隔离的移植种群的基因库不久便会和母群相分歧，而且由于两者所处地域不同，各有不同的选择压力，使建立者种群与母种群的差异越来越大。此种现象称为建立者效应。

第四节　突变、迁移与选择

一、突　　变

突变是指生物遗传物质结构的改变，广义的突变包括基因突变和染色体畸变，狭义的突变专指基因突变（也称点突变）。突变通常可引起一定的表型变化。基因突变是生物遗传变异的源泉，导致新等位基因的出现，改变群体的基因频率，引起群体遗传结构的改变。基因突变具有重演性、可逆性、多向性、平行性和利害不定向性。基因突变可以是自发产生的，即自发突变（spontaneous mutations）；也可以是诱导产生的，即诱发突变（induced mutations）。

（一）自发突变

自发突变包括 DNA 复制错误及化学改变两种类型。DNA 的复制在一定程度上决定了畜禽遗传资源多样性的产生及其变异性，并使其永不间断地处于进化当中。尽管 DNA 分子复制过程中有非常精密的修复机制，但是也难免会发生错误，这正是产生畜禽多样性的根源。DNA 复制错误是产生新基因的一个重要来源。DNA 复制一旦产生错误，这个错误会继续被复制而遗传下去。

化学改变包括脱嘌呤、脱氨基和氧化性损伤碱基等几种类型。脱嘌呤是自发损伤中最常见的一种，它是由于碱基和脱氧核糖间的糖苷键受到破坏，从而引起一个鸟嘌呤或一个腺嘌呤从 DNA 分子上脱落。脱氨基是指胞嘧啶脱氨基后变成尿嘧啶，未经校正的尿嘧啶

会在复制过程中与腺嘌呤配对，结果 G—C 配对变成 A—T 配对，产生 G—C→A—T 的转换。氧化性损伤碱基属于第三类自发损伤，一些活泼的氧化物如超氧基（O_2^-）、氢氧基（OH^-）和过氧化氢（H_2O_2）不仅能对 DNA 的前体造成氧化性损伤，也能对 DNA 本身造成氧化性损伤，从而引起突变。

虽然在自然界正常的生物条件和环境中，每个基因位点上的自发突变率很低，一般都在 $10^{-5} \sim 10^{-6}$ 数量级，但由于一个物种拥有许多个体，每一个体又具有许多基因位点，所以新的基因突变能在自然界不断地出现。并且当以整个物种为单位时，即使在单个基因位点上，每代也会发生许多新突变。所以突变产生的新的遗传变异的潜力是非常巨大的。

（二）诱发突变

在畜禽漫长的进化过程中，有许多人为的理化因素对生物体或细胞产生突变作用，这种突变被称为诱发突变，也称人工诱变。诱发突变一般由高辐射（如紫外线）作用和化学诱变剂（主要有碱基类似物、碱基修饰物和插入剂）作用。化学诱变剂在 DNA 复制时能与正常碱基配对，掺入 DNA 分子中，又由于这一类化合物存在两种异构体可以互相转化，不同异构体有不同配对性质，所以经过 DNA 复制就会引起碱基替换。

不论是自发突变还是诱导突变，从历史进化长河来看，突变基因与群体的选择优势有关，如果基因突变降低了个体的适应性，在群体中会很快消失；如果基因突变属于中性基因突变，即个体适应性没有影响，它在群体中的命运取决于随机遗传漂变，可能消失，也可能逐渐累积扩大其频率；如果基因突变具有更大的选择优势，它将在群体中逐渐增多，有可能取代原有基因。这对长期的生物进化的作用是非常重要的。

二、迁　　移

不同群体间由于个体转移引起的基因流动过程称为迁移（migration）。这种基因流动可以是单向的也可以是双向的。在自然界中，迁移是保持物种遗传特性的重要机制，如果同一物种的各群体长期处于闭锁隔离状态，就可能发生遗传分化，甚至逐渐出现种的分化。迁移的主要原因有混群、杂交和引种。如在畜禽育种实践中，迁移主要体现为引种，即引入新的基因加快群体的遗传改良，这是提高群体遗传进展的一个重要途径。

迁移可改变群体的基因频率，改变的大小取决于：①两群体间基因频率的差异；②每代迁入个体数，即迁移率。设有一个大群体，每代迁入的比例为 m，原有个体比例为 $(1-m)$，迁入个体某一基因频率为 q_m，则原有个体基因频率为 q_0，在混合群体内基因频率 $q_1 = mq_m + (1-m)q_0 = m(q_m - q_0) + q_0$。若设迁入一代引起的基因频率变化为 Δq（应该等于迁入后的基因频率与迁入前的基因频率的差）：$\Delta q = q_1 - q_0 = m(q_m - q_0)$。由此可见，迁移引起的群体的基因频率的变化，依赖于迁移率以及迁入个体基因频率与原有群体基因频率之间的差异。

由于同一物种不同群体的差异主要体现在基因频率的不同，而迁移的作用就是通过不同基因频率的群体间基因流动，从而引起群体基因频率的改变。因此对某一特定基因座而言，理论上，如果群体间基因频率相同，则迁移在改变群体此基因频率上没有什么意义。

只有当两群体的基因频率不同，甚至拥有完全不同的等位基因时，迁移才可对群体基因频率变化产生影响。因迁移引起群体基因频率的变化取决于迁移率和两群体间基因频率的差异。如果迁移只在一代进行，那么在以后世代的随机交配作用下，迁移后的基因频率达到新的哈迪-温伯格平衡。然而，若迁移在连续世代中进行，将导致群体基因频率逐渐趋向于迁移群体的基因频率，达到稳定平衡。

三、选 择

如果说突变为畜禽的进化提供了原材料，那么选择则是畜禽进化的动力。达尔文进化论的核心是"适者生存"，选择成了改变群体遗传结构最重要的因素。选择（selection）的本质是群体内个体参与繁殖的机会不均等，从而导致不同个体对后代的贡献不一致。简而言之，选择就是在一个群体中通过外界因素的作用，使得群体中"有利"的基因更好地保留下来。因此，选择是一个过程，在这一过程中，群体中的一些适应性强的个体比其他个体占有明显的生存优势。

根据选择的作用力的不同，可分为：①自然选择（natural selection），即通过自然的力量完成选择过程；②人工选择（artificial selection），即由人类施加措施实现选择的过程。由于选择的作用，将使选择有利的基因型频率逐代增加，导致基因频率发生变化。

（一）自然选择

在畜禽起源进化过程中，自然选择起着主要导向作用，控制着变异的发展方向，同时提高畜禽适应性。遗传变异是自然选择的基础，群体变异的遗传效应主要来源于突变、迁移、选择和遗传漂变。自然选择是一个非常复杂的过程，许多因素决定着个体可能参加繁殖的机会和比例。这些因素诸如群体中个体死亡率的差异特别是早期死亡率、个体繁殖能力、母畜哺乳后代的能力等。

自然选择大致又可分为以下 3 类：

1. 稳定选择（stabilizing selection）

如果自然群体长期处在同一环境条件下，大多数个体都能很好地适应于这种环境，而处于正态分布曲线两端的个体与处于群体表型均数的个体相比，其适应性较差。在这种情况下，选择有利于接近性状表型均数的基因型，这种选择称为稳定选择。

2. 定向选择（directional selection）

如果选择有利于分布正态分布曲线一端的表现型，则选择是定向的，称为定向选择，在这种情况下，只要存在遗传变异性，通过选择，群体平均数就会发生定向的变化。

3. 歧化选择（disruptive selection）

如果选择有利于一种以上的表现型，则称为歧化选择。

（二）人工选择

动物在家养的条件下形成多种多样的品种，是在人工选择的作用下，控制进化的方向，使畜禽由更加适应于自然环境变成了更加适应于人类生活。

人工选择是按照人为制定的标准，对特定畜禽群体进行的选择。自然选择的结果是使动物更加适应自然条件，而人工选择的目的则是使动物更加有利于人类。在动物世代更替中，人工选择打破了群体基因频率的平衡状态，能够定向地改变群体的基因频率，使有利于生产性能提高的基因频率增加。

人工选择是畜禽品种培育与改良的重要手段。然而，在实施人工选择的同时，总是脱离不了自然选择作用，而且二者的作用方向往往是对立的。通过人工选择，育种者期望动物有经济意义的性状不断地提高，而自然选择的作用则是使具有中等生产性能而适应性较强的个体更为有利。人工选择是"离心"的，而自然选择是"向心"的。因此，从某种意义上来说，人工选择又是不断地克服自然选择的过程。在一个群体中，当停止了人工选择措施，群体的生产性能水平会在自然选择的作用下出现一种"回归"。因此，在畜禽育种的全过程中，应始终坚持不懈地实施人工选择。在品种培育阶段，需要通过人工选择稳定已经获得的优良性状，提高群体生产性能，提高遗传稳定性和品种特征的一致性。当品种育成后，仍然需要坚持不懈地通过人工选择，保证性状不退化。

第五节　哈代-温伯格定律

英国数学家哈代（Hardy）和德国医生温伯格（Weinberg）经过各自的独立研究，于1908年同时发现有关基因频率和基因型频率的重要规律，称为哈代-温伯格定律（Hardy-Weinberg law），或称遗传平衡定律。该定律的主要内容是：在理想状态下，各等位基因的基因频率和基因型频率在遗传中是稳定不变的，即保持着基因平衡。

一、平衡群体的条件

哈代-温伯格定律只适应于平衡群体。所谓平衡群体，是指在世代更替的过程中，遗传组成（基因频率和基因型频率）不变的群体。一个平衡群体必须具备以下条件：

（1）群体要足够大。

（2）种群个体间随机交配（random mating）。所谓随机交配，是指在一个有性繁殖的生物群体中，一个性别的任何个体与异性的任何个体具有同样的交配机会，即每个雌雄个体间具有同样的交配概率。

（3）无迁移。即指该群内的生物既不能迁出，外群生物也不能迁入。

（4）无突变。

（5）无选择。包括人工选择（artificial selection）和自然选择（natural selection）。

二、哈代-温伯格定律的要点

（1）在随机交配的大群体中，若没有其他因素的影响，基因频率世代不变，即：$p_0 = p_1 = \cdots = p_n$，$q_0 = q_1 = \cdots = q_n$。

（2）任何一个大群体，不论其基因频率如何，只要经过一代随机交配，一对常染色体基因型频率就达到平衡，若没有其他因素影响，一直进行随机交配，这种平衡状态始终不变，即：

$$D_1 = D_2 = \cdots = D_n$$
$$H_1 = H_2 = \cdots = H_n$$
$$R_1 = R_2 = \cdots = R_n$$

（3）在平衡群体中，基因频率和基因型频率的关系为：

$$D = p^2$$
$$H = 2pq$$
$$R = q^2$$

三、哈代-温伯格定律的性质

性质1：在二倍体遗传平衡群体中，杂合子（Aa）的频率 $H = 2pq$ 的值永远不会超过 0.5。

证明：

因为

$$\frac{dH}{dq} = \frac{d(2pq)}{dq} = \frac{d[2q(1-q)]}{dq} = \frac{d(2q - 2q^2)}{dq} = 0,$$

求导：

$$2 - 4q = 0,$$

所以

$$q = \frac{2}{4} = \frac{1}{2},$$

即 $q = \frac{1}{2}$ 时，H 最大。

$$p = 1 - q = 1 - \frac{1}{2} = \frac{1}{2},$$

$$H = 2pq = 2 \times \frac{1}{2} \times \frac{1}{2} = \frac{1}{2} \text{（最大值）}.$$

根据这个性质可知，H 值可大于 D 或 R，但不能大于 $D + R$，如果 $p > 2q$，即 $p^2 > 2pq > q^2$。

利用这个性质可知，只要 $H > \frac{1}{2}$，就绝对不是平衡群体。

性质2：杂合子频率是两个纯合子频率乘积平方根的 2 倍，即：$H = 2\sqrt{DR}$。

证明：

因为

$$D = p^2, \quad H = 2pq, \quad R = q^2,$$

所以

$$\sqrt{DR} = \sqrt{p^2 q^2} = pq,$$

两边同时乘以2：

$$2pq = 2\sqrt{DR},$$

$$H = 2\sqrt{DR},$$

该性质给我们提供了检验群体是否达到平衡的一个简便方法，即 $\frac{H}{\sqrt{DR}} = 2$。

四、哈代-温伯格定律意义

哈代-温伯格定律可以说是群体遗传学中的守恒定律，具有重要作用。

这个定律揭示了群体基因频率和基因型频率的遗传规律，据此可使群体的遗传性能保持相对稳定，这是畜禽保种的理论依据。生物的遗传变异归根结底是由于基因与基因型的差异。同一群体内个体之间的遗传变异一般起因于等位基因的差异，而同一物种内不同群体间（亚种、民族、品种、品系等）的遗传变异则主要在于基因频率的变异。因此基因频率的平衡对于群体遗传性的稳定起着直接的保证作用。即使由于选择、突变、迁移或杂交等因素改变了群体的基因频率，只要这些因素不再继续作用，基因频率立即又自动保持新的平衡。经过一代随机交配，基因频率也迅速恢复了平衡。但是这种平衡是有条件的，特别是通过选择和杂交，又是不难打破这种平衡的。与改变个体遗传性（人工诱变）相比较，改变群体遗传性还是较为容易的。而且在现有基因的基础上，通过改变基因频率来改进群体的遗传性，其潜力还是很大的。这就为动物育种工作提供了极为有利的条件。可以这样说，改变基因频率是目前动物育种工作中的最主要手段，但不是唯一的手段。根据遗传平衡定律，在畜禽育种中可采用先打破群体原有的遗传平衡，再建立新的遗传平衡的方法，提高原品种或创造新品种，这是本品种选育、品系繁育和杂交育种的理论依据。

遗传平衡定律揭示了在一个随机交配群体中基因频率与基因型频率间的关系，从而为在不同情况下计算不同群体的基因频率和基因型频率提供了方法，据此可使育种更具预见性。

如涉及两对基因，则平衡不是一代而需要多代才能逐渐达到。随着基因对数的增加，达到平衡的世代数逐渐增加。同样，连锁也不影响平衡的达到，只是连锁越紧密，达到平衡的世代数越多。

第四章　畜禽遗传资源调查与动态监测

第一节　遗传资源调查抽样方法

一、畜禽遗传资源调查

（一）调查对象

国家畜禽品种审定机构认定的、新发现的和未知的地方品种（资源），经农业农村部相关部门审定的畜禽新品种（配套系）和经国务院行业主管部门批准引进的畜禽品种（资源）。

（二）调查方式

采用普查、重点调查和抽样调查相结合的方式。

（三）调查内容及方法

1. 遗传资源概况

（1）畜禽品种名称：品种的中文名称、英文名称及俗名。

（2）中心产区及分布：根据品种规模和分布，确定中心产区范围及分布 [省、市（县）]。

（3）产区自然生态条件：产区自然生态条件包括地理、地貌与海拔；气候类型；气温（年最高，年最低和年平均）；年降雨量；无霜期；水源和土质；耕作制度和作物种类。

（4）畜禽品种原产地、来源与发展：畜禽品种的原产地、来源、形成历史与发展。

（5）畜禽品种类型：包括地方品种、培育品种和引入品种。

（6）开发利用情况：肉、蛋、乳、皮、毛、绒等产品的开发利用情况。

2. 体型外貌描述

体型外貌描述指对畜禽遗传资源毛色、头部、耳形、躯干、四肢、外生殖器官等外貌特征的描述。

（1）个体的选择及数量：选择在正常饲养管理水平条件下成年个体，并标明实际月龄。根据《畜禽遗传资源调查技术规范》系列标准要求，汇总了不同畜禽遗传资源调查数量（表4-1）以及不同畜禽遗传资源调查表、体型外貌登记表、生产性能登记表。

表 4-1　不同畜禽遗传资源调查数量统计表

名称	公畜（头、匹、峰、羽）	母畜（头、匹、峰、羽）
猪	≥20	≥50
牛	≥20	≥50
山羊	≥20	≥80

（续）

名称	公畜（头、匹、峰、羽）	母畜（头、匹、峰、羽）
绵羊	≥20	≥80
马	≥10	≥50
驴	≥10	≥50
骆驼	≥10	≥50
兔	≥30	≥100
家禽类	≥30	≥300

（2）体型外貌观测：对被选择测量的个体，应牵引至平坦地面处，人工辅助站稳。应观察头部、颈部、肩部、背部、腰部、尾部、四肢站立、被毛（家兔）等。此外，公畜还要检查睾丸的发育，母畜应检查乳房及乳头发育等。家禽观察羽色、冠型、冠色、胫色、喙色等作为本品种特殊标志的特征。

3. 生产性能

（1）体尺、体重：包括体高、体长、胸围、体重、管围（马、驴、骆驼）、胸宽、腹宽、龙骨长（禽）、胫长（禽）、颈长（禽）等指标。

（2）生长肥育性能：包括初测日期、初测体重、终测日期、终测体重、耗料量、日增重、料重比等指标。

（3）屠宰性能及肉品质：包括上市体重、初生重、半净膛重、宰前活重、屠体重、胴体重、屠宰率、瘦肉率、肉骨比、肉品质性状等指标。

（4）繁殖性能及产蛋性能：繁殖性能包括性成熟年龄、初配年龄、妊娠期、发情周期、初生重、断奶成活率等指标。家禽产蛋性能包括开产日龄、开产体重、蛋形指数、蛋壳色泽、肉斑率、配种方式等指标。

（5）特殊生产性能：绵羊特殊生产性能包括湖羊羔皮、滩羊二毛皮、卡拉库尔羔羊皮的花纹类型、弯曲数等指标；山羊特殊生产性能包括毛皮的花纹类型、平均细度、毛股长度等指标；家兔特殊生产性能包括毛皮性能，如年产毛量、纤维直径、强度、伸度、单次产毛量、产毛率、皮板厚度、皮板面积等指标；家禽特殊生产性能包括毛（绒）用性能及品质，如产毛量、羽绒量、绒质率等指标。

4. 品种评价

品种评价如主要功能特性及优缺点。

5. 遗传分析测定

遗传分析测定包括血液多态性测定或生化、分子遗传测定等。

6. 消长情况

消长情况指品种近 15~20 年数量和品质变化。

7. 品种资源保护状况

品种资源保护状况指保种场、保护区保种和利用计划等。

8. 畜禽品种濒危程度

根据种群总数量、繁殖母畜数量和种群数量的发展趋势，畜禽品种濒危程度分为如下五个级别。

（1）灭绝：实际情况下，在既没有繁殖公畜（包括精液）或繁殖母畜，也没有剩余胚胎时，即可判定为灭绝。

（2）濒临灭绝：某一品种出现下列情况之一即可判定为濒临灭绝。某一品种繁殖母畜总数量低于 100 头（只）或繁殖公畜总数量低于或等于 5 头（只）；或者该品种的种群总数量虽然略高于 100 头（只），但呈现出正在减少的趋势，且纯种母畜的比例低于 80%。

（3）濒危：某一品种出现下列情况之一即可判定为濒危。繁殖母畜总数量在 100～1 000 头（只）之间或繁殖公畜总数量低于或等于 20 头（只）但高于 5 头（只）；该品种的种群总数量虽然略低于 100 头（只）但呈现出增加趋势，且纯种母畜的比例高于 80%；该品种的种群总数量虽然略高于 1 000 头（只）但呈现出减少趋势，且纯种母畜的比例低于 80%。

（4）无危险：某一品种出现下列情况之一即可判定为无危险。繁殖母畜和繁殖公畜总数量分别为 1 000 头（只）以上和 20 头（只）以上；该品种的种群数量接近 1 000 头（只），纯种母畜的比例接近 100%，且该品种的种群数量正在增加。

（5）不详：没有调查数据无法判定。

9. 饲养管理情况

饲养管理情况调查包括对饲料组成、饲养方式的调查。

10. 疫病情况

疫病情况调查包括流行性传染病和寄生虫病调查。

(四) 登记

将调查内容根据不同畜禽品种特点详细记录。

(五) 品种照片

1. 拍摄品种照片的要求

（1）基本要求：品种照片应该能够真实、全面地反映该品种的所有外貌特征信息。

（2）数量要求：

① 每个品种要有公、母、群体照片各 2 张，如有不同品系（或不同年龄）的品种，应提供每种各 2 张合格的照片。

② 对特殊地理条件下生长的品种，还需附上 2 张以上能反映当地地理环境的照片。

③ 拍摄的照片应有相关配套文件说明，在照片的反面写清楚品种名称、性别、拍摄日期和种畜场名称、拍摄者姓名等。

（3）精度要求：图像的精度要求是 800 万像素以上。

（4）其他：数码相机所拍摄的照片不能进行编辑。

2. 拍摄注意事项

（1）体型外貌的基本特征：

① 不同品种具有不同的特征，可以从毛色、体型、乳头数等方面加以区别。

② 一些品种具有多个品系，不同品系具有不同外貌特点时，需要分别进行拍摄。当拍摄群体照片时，尽可能将本品种的不同外貌个体一次拍摄在一张照片上以反映出该品种不同外貌的组成和比例。

（2）被拍摄对象的年龄：一般要求被拍摄的对象应是成年畜禽，非成年畜禽不能反映品种的基本情况，而年龄大的畜禽也不能包含畜禽应有的外貌。如果品种具有特殊的外貌特征，可增加拍摄该时期的照片。

（3）个体站立的姿势：要求正、侧面对着拍摄者，呈自然站立状态，被拍摄的侧面对着阳光，同时要求避开风向，使拍摄者的被毛自然贴身。表现出四肢站立自如，头颈高昂，使全身各部位应有的特征充分表现。拍摄者应站在被拍摄对象体侧的中间位置。

（4）拍摄的背景：所拍摄照片的背景应能反映畜禽与所处生态之间的联系。

二、畜禽遗传资源登记

（一）工作目标

对国家、省级畜禽遗传资源场（区、库）已保存的畜禽遗传资源、创新种质、改良种质、明确携带新基因的优异种质、具有突出性状的优良种质，以及新收集、引进、鉴定、创制、汇交的畜禽遗传资源等进行登记，鼓励支持科研院所、高等院校、企业、社会组织和个人等登记其保存的畜禽遗传资源，科学掌握资源保存总量，进一步摸清资源家底，保护种质创新、改良者合法权益，激发遗传资源创新活力。

（二）主要任务

由农业农村部种业管理司负总责，全国畜牧总站牵头组织实施，对符合本品种特征的畜禽及其胚胎、精液、卵子、基因物质等遗传材料等进行登记。

（三）登记内容

1. 基本信息

主要包括登记主体信息、保存地点、保存单位（或个人）、保存途径（原地活体保种、异地活体保种和超低温技术保种）等。

2. 遗传资源信息

包括编号、种质名称、资源类型、生物学分类信息、产地或来源地信息、来源或系谱、特征特性、照片、相关链接等。

3. 遗传资源共享信息

包括是否共享、共享方式（公益性共享、有偿共享）、可共享数量、可利用范围等。

4. 其他相关信息

汇交资源还应包括支撑项目名称、项目主管部门、畜禽遗传资源相关研究情况、共享利用相关规定等。

（四）登记流程

1. 注册

登记主体在全国统一的农业种质资源大数据平台上实名申请注册。

2. 信息录入

依据登记总则、分物种登记细则，录入农业种质资源信息。

3. 技术审核

省级以上农业农村部门委托农业种质资源登记牵头组织实施单位对登记内容进行审核。

4. 统一编号

对通过技术审核、不存在重复登记的，赋予全国统一登记编号。

5. 变更登记

对登记内容发生变化、登记记载事项出现错误、因不可抗力等因素导致种质资源灭失的，应当在 6 个月内变更登记。

6. 撤销登记

对于提供非法或虚假信息登记的，予以撤销登记。

三、抽样方法及频率的估计

对于我国绝大多数固有地方品种而言，由于总群内一般存在以分布地域为基础的系统划分，在中心产区实施系统随机整群抽样是可行而有效的。但对于目前一些正在衰减的地方品种，中心产区可能已不存在时，应根据具体情况采用以下方式：①当全品种集中为规模有限、个体数很少的几个种群时，宜采用简单随机抽样或系统随机抽样。②当品种衰减到已成为小群体零星分布之势时，在全品种可采用随机整群抽样或典型群抽样；③当全品种被分割为若干个分布地域不连续的系统时，在各系统内采用随机整群抽样或典型群抽样的方法，或者采用二者混合抽样的方法。以上这几种抽样方法在进行中国黄牛、山羊、鸡、猪和鹌鹑等品种遗传资源检测时分别进行了大量实践验证。

1. 简单随机抽样

总体（品种、地域群等）中每个配子抽中的机会完全相等，而不受任何因素干扰的抽样，就是基因频率的简单随机抽样（simple random sampling），也称纯随机抽样。

简单随机抽样方法的基因频率的估计及抽样方差推导过程如下：

设 N 为总体规模；P 为总体实际特定等位基因的频率；Q 为其余等位基因在总体的实际频率；n 为样本规模；p_s 和 q_s 为样本中相应等位基因的频率；D 和 H 分别为纯合子基因型和杂合子基因型的频率。

则总体的实际频率 P 和 Q 就是基因频率抽样估计值的期望值，即：

$$E(p_s)=P;\ E(q_s)=Q$$

而

$$p_s=D+\frac{1}{2}H;\ q_s=1-p_s$$

总体频率的方差为：

$$\mathrm{Var}(p_s)=\frac{PQ}{2N}\cdot\frac{N-n}{N-1}$$

样本频率的无偏估计量为：

$$\mathrm{Var}(p_\mathrm{s}) = \frac{p_\mathrm{s} q_\mathrm{s}}{2(n-1)} \cdot \frac{N-n}{N}$$

当抽样率极小，N 非常大，n 可以忽略不计时：

$$\mathrm{Var}(p_\mathrm{s}) = \frac{PQ}{2(N-1)}$$

该抽样方法的适用条件是就特定遗传标记而言，其频率在总体是均匀分布的，不存在进一步的层次划分；总体规模明确，或者总体的范围基本上被限定；总体的地理分布相对比较集中。

2. 随机整群抽样

总群中各个包含若干配子的群单位，作为整体有均等的机会进入样本，就是对基因库基因频率的随机整群抽样（random cluster sampling）。

随机整群抽样方法的基因频率的估计值和抽样方差推导过程如下：

设 K 和 k 分别为总体和样本所包含的群数；$\overline{N}_u$ 为总体平均每群头数；$\overline{n}_u$ 为样本平均每群头数；n_u 为样本中第 u 群的规模；p、p_c、p_u 分别为总体、样本和样本第 u 群中特定等位基因的频率。

f 为抽样率，即：

$$f = k/K$$

样本中第 u 群的权（W_u）

$$W_u = n_u \bigg/ \sum_{u=1}^{k} n_u$$

则基因频率的估计值为

$$p_\mathrm{c} = \sum_{u=1}^{k} W_u p_u$$

样本基因频率的抽样方差为

$$\mathrm{Var}(p_\mathrm{c}) = \frac{1-f}{k} \sum_{u=1}^{k} \left(\frac{n_u}{\overline{n}_u}\right)^2 \frac{(p_u - P)^2}{k-1}$$

该随机整群抽样方法的适用条件是总体有群单位存在，而且群单位数是相对明确的；群间没有系统性的差异；各群单位的地理分布相对集中。

3. 系统随机抽样

如果基因库总体由基因频率存在某些差异的若干系统（类别、层次）构成，分别在各系统进行简单随机抽样，再合并为总体的样本，称为基因频率的系统随机抽样（stratified random sampling），或分层随机抽样。

系统随机抽样方法的基因频率的估计值和误差推导过程如下：

设 N、N_h、n_h 分别为总体、系统（类别、层次）和系统样本的规模；f_h 为第 h 系统的抽样率；p_h 为系统的基因频率估计值；h 为系统数；d 为品种所包含的系统数；p_st 为系统随机抽样的频率估计值，st 为系统随机抽样方式。

则系统随机抽样基因频率的估计值为

$$p_{st} = \sum_{h=1}^{d} \frac{N_h p_h}{N}$$

基因频率的估计误差为

$$\mathrm{Var}(p_{st}) = \sum_{h=1}^{d} \frac{W_h^2 p_h q_h}{2(n_h - 1)}(1 - f_h)$$

此抽样方法的适用条件为：基因库总体就非检测特征而言划分为若干部分，这些特征与所检测的特定位点的基因频率分布存在相关性；在总体划分出的各部分，其内部特征分布是均匀的，各部分之间有相对清晰的界限；各部分有相对集中或连续性的地理分布。

4. 系统随机整群抽样

由总体基因库各系统分别进行随机整群抽样，然后再合并为总体样本的抽样方式就是系统随机整群抽样（stratified random cluster sampling），也称分层随机整群抽样。

系统随机整群抽样方法的基因频率估计值及其误差推导过程如下：

设 $p_{h\cdot c}$ 为第 h 系统（类别、层次）以随机整群抽样获得的基因频率估计值；n_{hu} 为第 h 系统第 u 群的规模；p_{hu} 为第 h 系统第 u 群的基因频率。

则系统随机整群抽样的基因频率估计值为

$$p_{st\cdot c} = \sum_{h=1}^{d} \frac{N_h p_{h\cdot c}}{N}$$

其估计误差为

$$\mathrm{Var}(p_{st\cdot c}) = \sum_{h=1}^{d} \frac{N_h^2(1 - f_h)}{k_h(k_h - 1)N^2 \overline{n_{hu}}^2} \sum_{u=1}^{k_h} n_{hu}^2 (p_{hu} - p_{h\cdot c})^2$$

该方法的适用条件是基因库总体就非检测特征而言，划分为若干个局部，这些检测特征与检测的基因频率存在有相关性；各个局部内存在群单位，其群单位数是相对明确的；各个局部的地理分布具有连续性，群单位的地理分布相对集中。

5. 典型群抽样

在总体各个包含若干配子的群单位中，择取个别或若干典型群为样本，称为典型群抽样（sampling model cluster）。

其基因频率和基因频率方差估计值可以采用随机整群抽样条件下的公式获得。但这种抽样方式对执行人的经验依赖较大，难免包含主观因素，因而基因频率估计值不仅包含随机误差（这一部分大致和相同规模下的随机整群抽样方差相同），还包含非客观因素导致的误差。按其公式获得的方差估计值应视为其下限。

6. 典型群内简单随机抽样

在总体各个包含若干配子的群单位中，择取个别或若干典型群，并在典型群内以简单随机方式抽取部分个体为样本，这种抽样方式称为典型群内简单随机抽样（simple random sampling in model cluster）。

其基因频率估计值是各典型群以简单随机方式获得的估计值以各群规模为权的均值；其估计方差的下限为简单随机抽样方差与随机整群抽样方差两部分之和。

这种抽样方式虽然排除了典型群内抽样的主观影响，但没有排除确定典型群过程的非客观因素。其估计值方差大于按上述公式得出的理论值，是 6 种常用抽样方法中最不精确、最不可靠的一种。

四、畜禽遗传资源动态监测

保种的策略就是从品种评估入手，确定各品种的特点及其构成的特异性状，经过系统规划与优化，制订科学的保种方案。保种实践中，大多数为小群体保种（即使在小保种区，也存在类似的情况），建立活体保种群的目标就是基于保存一个品种群的独特基因，特别是低频率的基因。保种群体的大小、世代间隔的长短、公母畜最佳的性别比例和可允许的近交程度等直接影响保种的效率。关键问题是如何控制近交造成群体有效含量下降，减少遗传多样性丢失。

1. 遗传资源多样性评估抽样方法

基础群抽样规模越大，包含的遗传变异范围越大，一旦一个群体达到保持的规模，重要的就是设计一个程序，使之为最小的选择、近交和漂变，从而保持最大限度的保存遗传多样性。

必需的最小抽样规模则可表示为（常洪，1995）：

$$n=\frac{\frac{Q}{P}\left(\frac{\lambda}{\eta}\right)^2}{2+\frac{1}{N}\left[\frac{Q}{P}\left(\frac{\lambda}{\eta}\right)^2-2\right]}$$

对于品种基因频率的即定值而言，相对偏差在限定范围内的样本的概率

$$\beta=P\{a\leqslant\lambda\leqslant b\}=\int_a^b\varphi(\lambda)\mathrm{d}\lambda$$

当相对偏差以 0.5 为限、品种对于样本而言规模极大时，

$$\lambda=\frac{\eta}{\sigma_p}=\sqrt{\frac{0.5nP}{Q}}$$

并且有

$$\beta=P\{-(0.5P)^{\frac{1}{2}}Q^{-\frac{1}{2}}n^{\frac{1}{2}}\leqslant\lambda\leqslant(0.5P)^{\frac{1}{2}}Q^{-\frac{1}{2}}n^{\frac{1}{2}}\}=\int_0^{(0.5P)^{\frac{1}{2}}Q^{-\frac{1}{2}}n^{\frac{1}{2}}}\frac{2}{\sqrt{2\pi}}\mathrm{e}^{-\frac{\lambda^2}{2}}\mathrm{d}\lambda$$

式中：P 为总体实际特定等位基因频率；Q 为其他一切等位基因在总体的实际频率；n 为样品规模；P 为抽样基因频率；σ_p 为基因频率标准差；λ 为基因频率标准偏差；η 为

研究（调查、检测）所允许的相对偏差；β 为样本的频率。

例如：对于 0.10、0.05、0.02 以及 0.01 的实际基因频率，抽样规模分别为 200、150、100（个体）时，基因频率估计值的可靠性见表 4 - 2。

表 4 - 2　基因频率估计值的可靠性

实际基因频率	抽样规模（头）		
	200	150	100
0.10	0.999 14	0.996 11	0.981 58
0.05	0.978 22	0.953 06	0.895 24
0.02	0.846 87	0.787 98	0.687 58
0.01	0.685 12	0.615 91	0.522 71

对于 0.10 的实际基因频率，抽样规模达到 100 头，估计值就是可靠的，而对于 0.05 的实际基因频率，抽样规模达到 150 头才可能做出可靠的估计。

对于公畜，不同基因频率在不同概率水平的公畜数估计值见表 4 - 3。

表 4 - 3　不同基因频率在不同概率水平的公畜数估计值（头）

基因频率	不同概率水平	
	0.01	0.001
0.01	229	344
0.05	45	67
0.10	22	33
0.25	8	12
0.50	4	5
0.75	2	3
0.90	1	2

2. 基于个体水平群体遗传多样性评估方法

（1）近交：近交是纯合基因、固定优良性能的育种手段，但过度近交会使一些有害致死、隐性基因纯合，造成生长速度慢，尤其会使胚胎死亡率增高，繁殖性能下降，隐性遗传病发生率提高。近交系数计算方法：

$$F_X = \sum \left[(1/2)^N (1 + F_A) \right]$$

式中：$\sum$ 为所有共同祖先的近交系数计算值之和；N 为父母到共同祖先的通径链上所有个体数；F_A 为共同祖先的近交系数。

有关共同祖先的三点说明：

① 共同祖先的父母，虽也重复出现，但不要再计算，以免重复。

② 在系谱中出现多个共同祖先时，近交的程度比最近的那个共同祖先的近交程度还要近。

③ 某些个体只在父方或母方重复出现，不能算作共同祖先。

（2）群体有效含量：在介绍群体有效含量之前，我们先来了解理解群体的概念。

理想群体：群体含量在世代间保持恒定、群体内随机交配、无世代重叠、无其他遗传效应影响。

群体有效含量（N_e）：与实际群体有相同基因频率、方差或相同的杂合度衰减率的理想群体含量。

近交系数增量（ΔF）：反映群体遗传结构中基因的平均纯合速度，越小表示保种效果越好。

随世代递增，近交系数的增长随群体含量缩小而加快，遗传漂变使基因丢失的概率随群体含量的缩小而增大，因此必须保证一定的群体有效含量（表4-4）。

表4-4　群体有效含量与近交增量关系

	N_m（头）	N_f（头）	N_e（头）	ΔF（%）	F_{10}（%）
两性不等数各家系内等量留种	10	200	52.46	0.95	9.13
		100	51.61	0.97	9.28
		50	50.00	1.00	9.56
	8	200	41.97	1.19	11.26
		100	41.29	1.20	11.40
	6	200	31.48	1.58	14.71
		100	30.97	1.59	14.84
	5	200	26.23	1.89	17.38
		100	25.81	1.91	17.51
	4	200	20.98	2.36	21.24
		100	20.65	2.38	21.37
两性不等量、随机留种	50	100	133.33	0.38	3.69
		50	100.00	0.50	4.89
	20	100	66.67	0.75	7.25
		50	57.14	0.88	8.41
	10	200	38.10	1.31	12.38
		100	36.36	1.38	12.93
		50	33.33	1.50	14.03
	8	200	30.77	1.63	15.11
		100	29.63	1.69	15.65

（续）

	N_m（头）	N_f（头）	N_e（头）	ΔF（%）	F_{10}（%）
两性不等量、随机留种	6	200	23.30	2.15	19.50
		100	22.64	2.21	20.01
	5	200	19.51	2.56	22.86
		100	19.05	15.00	80.31
	4	200	15.69	9.38	62.63
		100	15.38	15.63	81.71

近交系数增量与群体有效含量 N_e 存在一定的负相关，即：

$$\Delta F = \frac{1}{2N_e}$$

在群体内性别比例相等时，不同留种方式的群体有效含量不同：

① 性别比例相等，随机留种时：

$$N_e = N \rightarrow \Delta F = \frac{1}{2N}$$

② 性别比例相等，各家系等量留种时：

$$N_e = 2N \rightarrow \Delta F = \frac{1}{4N}$$

采用留种群内按家系进行等量留种即留种群内每头公畜和母畜都留有自己的后代，这时家系含量方差为零。

③ 性别比例不等，随机留种时

$$N_e = \frac{4N_mN_f}{N_m + N_f} \rightarrow \Delta F = \frac{1}{8N_m} + \frac{1}{8N_f}$$

④ 性别比例不等时，各家系等量留种时

$$N_e = \frac{16N_mN_f}{N_m + 3N_f} \rightarrow \Delta F = \frac{3}{32N_m} + \frac{1}{32N_f}$$

连续经过多个世代，留种方式相同情况下，t 个世代后近交系数

$$F_t = 1 - (1 - \Delta F)^t$$

以上公式中：N_m、N_f 分别为公母畜头数；ΔF 为近交系数增量；F_t 为第 t 代的近交系数；N_e 为群体有效含量。

保持濒危畜群的每世代近交系数增量在 1%～4%，即样本规模宜在公畜 12～25 头、母畜 100～250 头，这些公母畜应没有亲缘关系，这是活畜保种的最小样本规模。这样可使原始群体的遗传变异损失低于 1%。

（3）小群保种具体策略及技术措施：对于濒临灭绝的畜禽品种，活畜保种群的建立要求：一，尽快增加群体规模，有效群体含量不低于 50。二，最大化发挥基础群所有血统的遗传影响。三，尽可能降低近交、漂变和选择造成的杂合性丢失。

由于遗传漂变的作用，小群保种数量过小会使畜群中的有利基因丢失，将使有害基因

纯合而造成品种退化，加快提高群体平均的近交系数水平，导致纯合度增加带来的基因互作种类减少，进而促进近交退化。各种濒危畜禽保种所需的最少畜禽数量的估测，需要考虑保种群中的公母畜数量及每年需要选留的后备畜禽数量。这个数量是保种群体所需的最低极限数量，前提是必须严格执行育种程序。保种所需的最少畜禽数量和遗传变异的丢失的理论计算，并非与特定群体观察的影响一致，群体中实际观察的差异与一个群体中共同祖先的实际数量、携带的有害基因的严重程度有关。Smith（1984）提出了各种濒危畜禽保种群所需的最少畜禽数量（表4-5）。

表4-5　各种濒危畜禽保种所需的最少畜禽数量

	牛（头）		羊（只）		猪（头）		家禽（只）	
	公	母	公	母	公	母	公	母
保种群规模	10	26	22	60	44	44	72	72
每年选留数量	10	5	22	12	44	18	72	72

a. 各家系采用等量留种，从而使家系含量的方差为零或接近于零，使群体有效含量达到最大化。保证每个基础群个体都有后代。

b. 严防近交，公母畜采取自由选配，并需要考查亲缘关系，以防止近亲选配。

c. 采取把保种群分成平行的小亚群、亚系、分场，虽然这样可能导致每群近交提高，由于漂变造成遗传变异丢失提高，但同一遗传变异在各亚群丢失的概率很低，这不仅利于降低杂合度的减少，还能最大限度地防止传染疾病带来的风险。

第二节　畜禽遗传资源动态监测评价指标

在DNA分子标记出现之前，形态学标记作为主要群体动态监测的手段之一；随后，细胞学水平（染色体核型分析）和蛋白质水平标记也作为重要的评估手段；在20世纪80年代基因组DNA技术的快速发展，使得DNA水平的分子标记成为主要评估遗传多样性的标记。然而，无论哪种方法其宗旨都是评估遗传物质的变异程度。

针对特定保种群体，群体内遗传多样性是衡量该保种群体变异程度的重要指标，具有重要的指导意义。在过去的研究中，多个遗传多样性的度量指标被广泛应用，包括观测杂合度、期望杂合度、有效等位基因数、等位基因丰度、多态性位点比例，有部分研究使用了稀有等位基因数和缺乏丰富多态性位点数作为度量指标，在最新的研究中研究者针对SNP标记的特点开发了基于identity-by-descent（IBD）概率的遗传多样性评估指标。

1. 杂合度

杂合度（heterozygosity，*Het*）是度量自然群体遗传变异的首选指标，它表示在一个群体中某位点为杂合子的概率。对于单一位点杂合度的计算公式为

$$Het = 1 - \sum_{i=1}^{k} P_i^2$$

式中：P_i 为 k 位点等位基因 i 的频率。而对于多个位点的杂合度的计算公式则为

$$Het = 1 - \frac{1}{m} \sum_{i=1}^{m} \sum_{i=1}^{k} P_i^2$$

群体杂合度能反映群体的结构甚至是变化历史，它的值介于 0 到 1 之间。杂合度越高意味着群体遗传多样性越丰富，反之，杂合度低说明群体遗传多样性低。通常我们定义在哈代-温伯格平衡下的群体杂合度为期望杂合度。当观测杂合度比期望杂合度低时，我们推测群体发生了选择或者近交；如果观测杂合度高于期望杂合度，则群体可能引进了其他品种的血缘。

2. 多态性位点比例

多态性位点比例（percentage of polymorphic loci，Pp）指的是一个群体内检测到的存在多态的位点数目的比例，计算公式为多态性位点数/一个群体位点总数。而多态性位点指的是一个基因位点的最小等位基因频率大于或等于 0.01 或 0.05。

3. 等位基因丰度

等位基因丰度（allelic richness，AR）也被称作等位基因多样性（allelic diversity）或者位点平均等位基因数（mean number of alleles per locus）。理论研究和实验均表明等位基因丰度在检测短而强烈的瓶颈效应时比杂合度和其他的遗传多样性指标更为敏感。然而等位基因丰度的缺陷也较为明显，主要表现为由于样本量不同而导致计算的偏差。Leberg 首先提出了以最小样本量为基础校正等位基因丰度。2006 年，Foulley 和 Ollivier 提出基于推断法（extrapolation）将丢失的等位基因数目期望值与样本观测等位基因数共同推测得出被检测的基因总数和观测到的等位基因数。假定所有品种由同一个祖先而来，在一个样本量为 N 的群体内，某一位点丢失的等位基因数目期望值为

$$\sum_{k=1}^{K} (1 - \pi_k)^N$$

式中：K 为该群体某一位点观测到的等位基因总数；π_1，π_2，$\cdots$，π_k 为整个群体 K 个等位基因的频率。

因此对于样本量为 N_i 的群体，品种 i 的等位基因丰度的计算公式为

$$AR_i = K_i + \sum_k (1 - \pi_k)^{N_i}$$

式中：K_i 代表的是品种 i 的等位基因数，K 为整个群体观测的等位基因总数。并且利用欧洲猪的微卫星数据已经证实了该公式的有效性。

4. 有效等位基因数

有效等位基因数（effective number of alleles，Ae）的定义为理想群体中（所有等位基因频率相等），一个基因座上产生与实际群体中相同杂合度所需的等位基因数目。即

$$Ae = \frac{1}{1 - Het} = \frac{1}{\sum P_i^2}$$

式中：Het 为一个位点的杂合度；P_i 为某一位点第 i 个等位基因的频率。由定义可以看出，等位基因在群体内分布越均匀，有效等位基因数就会与观测等位基因数越接近。

5. 稀有等位基因数

稀有基因（rare allele）是指基因频率小于 0.1 或者小于 0.05 的基因。稀有基因在群体世代更替过程中很容易丢失，因此也有学者认为其对遗传多样性的影响不大。

6. 缺乏丰富多态性位点数

缺乏丰富多态性位点数目（number of non-rich polymorphic loci，NRP）是指等位基因数小于 4 的位点数。对于微卫星这类、单一位点就具有较为丰富的多态性（4～10 个等位基因）的分子标记来说，用多态性位点数（等位基因数目≥2 的位点数）来衡量群体遗传多样性的世代间的变化并不敏感，因此将 NRP 引入作为一个较为敏感的遗传多样性度量指标。

7. 基于 IBD 概率的遗传多样性

如果两个或者两个以上的个体有完全相同的 DNA 片段，那么这个 DNA 片段就称为 identity-by-state（IBS）片段；如果这个 IBS 片段又来源于相同的祖先，此时这个 DNA 片段被称作 identity-by-descent（IBD）片段。基于此定义，IBD 片段越多，IBD 概率越大，则遗传多样性越低；反之，IBD 片段越少，IBD 概率越小，则遗传多样性越丰富。实际群体中，我们无法得知 DNA 片段是否有同一来源，只能根据连锁推测单倍型，进而推测标记与标记之间的 DNA 片段为 IBD 概率。2010 年，Engelsma 提出了基于 IBD 概率的遗传多样性。根据分布在基因组的标记，估计出标记之间的单倍型频率和单倍型之间的 IBD 概率，以此计算每一个单倍型在标记区间 i 的贡献

$$c_i = N_{ij}/N_i$$

式中：N_{ij} 为标记区间 i 中 j 单倍型的数量；N_i 为一个群体在标记区间 i 单倍型的总数。

而每一个标记区间的遗传多样性是通过计算每一个位点平均的单倍型亲缘系数（r）来确定的（Meuwissen，1997）：

$$r_i = c_i' IBD_i c_i$$

式中：IBD_i 为指标记区间 i 的 IBD 概率矩阵。

因此，标记区间 i 的遗传多样性的计算公式为

$$GD\_IBD_i = 1 - r_i$$

基于 IBD 概率的遗传多样性适用于利用 SNP 估计遗传多样性时使用，尤其当 SNP 密度不高的时候，它的优势尤为突出。

随着分子标记的开发和利用，针对不同的分子标记开发出了不同遗传多样性的监测指标。期望杂合度和观测杂合度是最为常用的检测指标，而也有学者认为等位基因丰度更为合适。但对于 SNP 这种只有双态变异的分子标记，基于等位基因数的监测指标就不够敏感。因此每个指标都有其适用范围和优缺点，需要结合多个遗传多样性监测指标，才能达到准确性和敏感性的双重要求。此外，依靠系谱信息计算近交系数是监测遗传多样性的金标准，不可由分子标记数据完全替代系谱信息。尤其当分子标记数据存在密度不足或者试验误差等问题时，单独利用分子标记数据会导致结果的误判。

8. 国际标准化的遗传标记及遗传多样性监测指标

（1）遗传标记：

① 微卫星标记：ISAG‐FAO 针对 9 个主要的畜禽品种每个品种提供了 30 个标准化的微卫星标记。

② SNP 标记：主要检测手段为芯片，但并未出现保种专用的低密度 SNP 芯片。

③ 拷贝数变异（copy number variations，CNV）。

④ 基因组测序：DNA 指纹库，选择信号等为针对能基因遗传多样性的保种提供新思路。

⑤ 线粒体 DNA 标记：母系标记。

⑥ Y 染色体标记：父系标记（FAO，2011）。

（2）保种群体遗传多样性监测指标：

① 杂合度：包括期望杂合度和观测杂合度。

② 等位基因丰度。

③ F statistics：F_{IS}，群体内固定指数（within‐breed fixation index）。

④ 有效群体大小。

⑤ 单倍型溯祖分析：估计群体内个体有最近的共同祖先的年份（FAO，2011）。

第五章　畜禽遗传材料的制作方法

第一节　冷冻精液

冷冻精液利用液态氮（−196 ℃）或干冰（−79 ℃）作为冷源（这一低温范围称为超低温），将经过特殊处理后的精液保存在超低温下从而达到长期保存的目的。精液冷冻保存技术使人工授精技术成为一项重大革新。它解决了新鲜精液无法长期保存的问题，使输精不受时间、地域和种畜生命的限制，使在规模化程度低的养殖场应用优良种公畜精液成为可能；可以最大限度地提高优良种公畜的利用效率，保证了群体母畜的定期配种需求，加快畜群品种改良步伐，大大推进育种工作进程，同时大大降低了生产成本；精液冷冻保存技术使优良种公畜的种质资源在国内、国外有效交流，避免了活畜引种带来的疫病传播。本节主要介绍牛、绵羊、山羊、猪、马、驴、犬等畜种精液冷冻保存技术。

一、器材的清洗与消毒

用于制作冷冻精液的器材，均应力求清洁无菌。在使用之前要严格消毒，每次使用后必须洗刷干净。

传统的洗涤剂是 2%～3% 的碳酸氢钠或 1%～1.5% 的碳酸钠溶液。在基层单位常采用肥皂或洗衣粉代替，但安全性不及前者。器材用洗涤剂洗刷后，务必立即用清水多次冲洗干净而不留残迹，然后经过严格消毒方可使用。消毒方法，因各种器材质地不同而异。

1. 玻璃器材

（1）首次使用的玻璃器皿先用自来水刷洗除去灰尘后，放入 5% 的稀盐酸中浸泡 12 h，取出后立即用自来水冲洗，再用洗涤剂刷洗（或用超声波洗涤器清洗 15～30 min），自来水冲干净后放在电热干燥箱中烘干，再放入清洁液（重铬酸钾 120 g、浓硫酸 200 mL、蒸馏水 1 000 mL）浸泡 12 h 后捞出器皿立即用自来水反复冲洗，直至光亮、无水滴附着为止，用蒸馏水冲洗 3～5 次，烘干，用锡箔纸包裹送入消毒灭菌设备（如电热鼓风干燥箱、消毒柜、红外线灭菌柜等）内，按操作说明书进行干燥、消毒、灭菌后待用。采用电热鼓风干燥箱进行高温干燥消毒时，要求温度为 130～150 ℃，并保持 20～30 min，待温度降至 60 ℃ 以下时，才可开箱取出使用。也可采用 120 ℃ 高压蒸汽消毒，维持 20 min。

（2）使用过的玻璃器皿可直接泡入洗涤剂中，浸泡后刷洗干净消毒备用。使用多次的器皿用清洁液处理，后续步骤同（1）。

2. 橡胶制品

一般采用 75% 酒精棉球擦拭消毒，最好再用 95% 酒精棉球擦拭一次，以加速挥发掉残留在橡胶上面的水分和酒精气味，然后用生理盐水冲洗。

对于牛、羊、马、驴等的采精器，使用前后用水冲去表面污物，把内胎拆下，在加有洗涤剂的温热水中浸泡 10 min 以上，用长毛刷刷洗，用水冲洗干净，再用蒸馏水逐个冲洗。将洗净的采精器外套放在架子上，其上覆盖两层清洁纱布，干燥备用。内胎悬挂干燥备用。新内胎或长期未用的内胎也要浸泡刷洗。使用前用长柄镊子夹 75％酒精棉球由内向外旋转彻底消毒内胎，待酒精挥发后，用生理盐水棉球多次擦拭。

3. 金属器械

可用新洁尔灭等消毒溶液浸泡，然后用生理盐水等冲洗干净。也可用 75％酒精棉球擦拭，或用酒精灯火焰消毒。

4. 溶液

如润滑剂和生理盐水等，可隔水煮沸 20～30 min；或用高压蒸汽消毒，消毒时为避免玻璃瓶爆裂，瓶盖要取去或插上大号注射针头，瓶口用纱布包扎。

5. 载玻片、盖玻片

载玻片、盖玻片使用后立即浸泡于水中，洗净后用柔软的布擦拭干净备用。

6. 其他用品

如药棉、纱布、棉塞、毛巾、软木塞等，可隔水蒸煮消毒或高压蒸汽消毒。

二、稀释液配制

(一)稀释液配制要求

所有化学试剂为化学纯以上，使用来源于非疫区无疫病鸡场的新鲜鸡蛋，无菌蒸馏水或超纯水。

(二)卵黄的取用

鸡蛋使用前先用温水洗净，再用 75％酒精棉球对蛋壳表面进行消毒，待酒精挥发尽后用蛋清分离器取出完整的卵黄，用灭菌的注射器穿过卵黄膜抽取卵黄。也可在鸡蛋腰正中线处敲开一裂纹，将鸡蛋一分为二，两个蛋壳交替倾倒，除去蛋清，然后将卵黄倒在灭菌纸（卫生纸、滤纸）上滚动，除去卵黄膜上残留的蛋清后将卵黄挤入洁净的烧杯中待用。

(三)稀释液配方成分与配制方法

1. 牛

(1) 稀释液配方：目前市场上有多种方便快捷、效果好的牛冷冻精液稀释液成品供使用。常用配方如下。

① 配方1：

第一液：柠檬酸钠 2.97 g、卵黄 10 mL，用无菌纯水定容至 100 mL，加青霉素和链霉素各 5 万～10 万 IU。

第二液：取第一液 47.75 mL、加入果糖 2.5 g、甘油 7 mL。

② 配方2：

2.9％柠檬酸钠液：柠檬酸钠 2.97 g，用无菌纯水定容至 100 mL。

2.5%果糖溶液：果糖 2.5 g，用无菌纯水定容至 100 mL。

第一液：2.9%柠檬酸钠 80 mL、卵黄 20 mL、青霉素和链霉素各 5 万～10 万 IU。

第二液：2.9%柠檬酸钠 50 mL、2.5%果糖溶液 20 mL、卵黄 20 mL、甘油 10 mL、青霉素和链霉素各 5 万～10 万 IU。

③ 配方 3：

第一液的基础液：Tris Base 35.32 g、柠檬酸 17.21 g、D-果糖 12.65 g，用无菌纯水定容至 1 000 mL。

第一液：取基础液 199 mL、卵黄 51 mL、青霉素和链霉素各 5 万～10 万 IU。

第二液的基础液：Tris Base 35.746 g、柠檬酸 19.980 g、D-果糖 14.712 g，用无菌纯水定容至 1 000 mL。

第二液：基础液 77 mL、卵黄 23 mL 配制成 23%（体积分数）卵黄液，取 23%卵黄液加甘油 12 mL 和青霉素、链霉素各 5 万～10 万 IU，配制成第二液。

（2）稀释液配制方法：以配方 1 为例。

准确称取柠檬酸钠 2.97 g，倒入 100 mL 的量筒内，加无菌纯水 50 mL 左右，用玻棒搅拌溶解后定容至 100 mL，取 2.9%柠檬酸钠液 80 mL 于三角烧瓶中，加卵黄 20 mL 和青霉素、链霉素各 5 万～10 万 IU，封口后用磁力搅拌器充分搅拌（30 min），配制成第一液，放入 3～5 ℃的冰箱内待用，使用前调温到 33 ℃；取第一液 47.75 mL 于三角烧瓶中，加入果糖 2.5 g 和甘油 7 mL，封口后用磁力搅拌器充分搅拌（30 min），配制成第二液，放入 3～5 ℃的冰箱内待用。两种稀释液 3～5 ℃冰箱放置时间不得超过 24 h。

2. 羊

（1）稀释液配方：在我国养羊业中，经过在较大羊群中试验，效果良好的几种稀释液配方如下：

①《畜禽细胞与胚胎冷冻保种技术规范》推荐稀释液配方：

a. 山羊稀释液配方：

基础液：葡萄糖 4.8 g、柠檬酸钠 2.0 g，加无菌纯水至 100 mL，充分溶解后取 85 mL，加 15 mL 卵黄，加青霉素 0.048 g、链霉素 0.1 g。

稀释液：取基础液 48 mL，加甘油 4 mL。

注：一步稀释法。

b. 绵羊稀释液配方：

基础液：葡萄糖 2.25 g、乳糖 8.25 g，加无菌纯水至 100 mL。

稀释液：取基础液 75 mL，加卵黄 20 mL、甘油 5 mL、青霉素 10 万 IU、链霉素 10 万 IU。

注：一步稀释法。

② 中国农业科学院研制的葡 3-3 高渗稀释液：

Ⅰ液：葡萄糖 3 g、柠檬酸钠 3 g，加无菌纯水至 100 mL，充分溶解后取溶液 80 mL，加卵黄 20 mL，加青霉素、链霉素各 10 万 IU。

Ⅱ液：取Ⅰ液 44 mL，加甘油 6 mL。

注：两步稀释法。

③ 甘肃农业大学赵有璋教授主持的《提高绵、山羊冷冻精液品质研究》项目组研制的冷冻稀释液最优配方：

a. 肉用绵羊：Tris 3.028 5 g，柠檬酸 1.659 g，蔗糖 2.567 3 g，果糖 0.75 g，维生素 E 6 mL，卵黄 15%（体积分数），甘油 4%（体积分数），青霉素、链霉素各 10 万 IU，加无菌纯水至 100 mL。

注：一步稀释法。

b. 波尔山羊：Tris 4.361 g，葡萄糖 0.654 g，蔗糖 1.6 g，柠檬酸 1.972 g，谷氨酸 0.04 g，卵黄 18 mL，甘油 6 mL，青霉素、链霉素各 10 万 IU，加无菌纯水至 100 mL。

注：一步稀释法。

④ 成品稀释液：法国 2.5×浓缩型牛用稀释液。使用前估计当日用量稀释，稀释液：无菌纯水＝1∶1.5。

（2）稀释液配制方法：以中国农业科学院研制的葡 3-3 高渗稀释液为例。

① 一步稀释法配制程序为：取葡萄糖 3 g、柠檬酸钠 3 g 放入 100 mL 的容量瓶内，加无菌纯水至 100 mL，充分溶解后取溶液 74 mL 放入三角烧瓶中，加卵黄 20 mL、甘油 6 mL，再添加青霉素、链霉素各 10 万 IU，封口后用磁力搅拌器充分搅拌（30 min）后放入 3～5 ℃的冰箱内待用，使用前调温到 33 ℃，但放置时间不得超过 24 h。

② 两步稀释法配制程序为：取葡萄糖 3 g、柠檬酸钠 3 g 放入 100 mL 的容量瓶内，加无菌纯水至 100 mL，充分溶解后取溶液 80 mL 放入三角烧瓶中，加卵黄 20 mL，再添加青霉素、链霉素各 10 万 IU（或其他抗生素），用磁力搅拌器充分搅拌（30 min），作为Ⅰ液，取部分配制Ⅱ液后剩下的放入 3～5 ℃的冰箱内待用，使用前调温到 33 ℃。取Ⅰ液 44 mL 放入三角烧瓶中，加甘油 6 mL，封口后用磁力搅拌器充分搅拌（30 min）后放入 3～5 ℃的冰箱内待用，作为Ⅱ液。两种稀释液放置时间不得超过 24 h。

3. 猪

（1）稀释液品牌及常见配方：目前国内常见的稀释液有北京田园奥瑞、德国米尼图等品牌。常见的原精稀释液配方见表 5-1，冷冻稀释液Ⅰ液配方见表 5-2。

表 5-1　猪原精稀释液配方

成分	BTS	Schonow	Zorlesco	Androhep
EDTA（g/L）	1.25	2.00	2.30	2.40
柠檬酸钠（g/L）	6.00	3.70	11.70	8.00
Tris（g/L）	—	—	6.50	—
葡萄糖（g/L）	37.00	40.00	11.50	26.00
碳酸氢钠（g/L）	1.25	—	1.25	1.20
氯化钾（g/L）	0.75	1.20	—	—

（续）

成分	BTS	Schonow	Zorlesco	Androhep
HEPES（g/L）	—	—	—	9.00
柠檬酸（g/L）	—	—	4.10	—
半胱氨酸（g/L）	—	—	0.10	—
BSA（g/L）	—	—	5.00	2.50
庆大霉素（mg/L）	300	300	300	300

注：BTS、Zorlesco、Androhep 来自朱士恩，2015；Schonow 改自胡建宏，2006。

表 5 - 2　猪冷冻稀释液 I 液配方

成分	TCG	BFS	TCGB
Tris（g/L）	24.20	2.00	24.20
Tes - N - Tris（g/L）	—	12.00	—
柠檬酸钠（g/L）	—	—	14.80
葡萄糖（g/L）	11.00	32.00	11.00
BSA（g/L）	—	—	5.00
柠檬酸（g/L）	14.80	—	—
OEP（mL/L）	—	5.00	—
青霉素（万单位/L）	100	100	100
链霉素（万单位/L）	100	100	100
卵黄（mL/L）	200	200	250

注：①BFS、TCGB 配制方法同 TCG。②BFS 改自朱士恩，2015；TCGB 改自邢军，2013。③原精稀释液和冷冻稀释液验证过配伍效果好的是 Androhep 和 TCGB 配伍，BTS、Schonow 与 TCG 配伍。④OEP（Orvus ES paste）是一种合成洗涤剂，主要成分为十二烷基硫酸钠（SDS），在国内不好买，可以用 SDS 代替。

（2）猪稀释液配制方法：

①原精稀释液配制：德国米尼图、北京田园奥瑞等品牌都有专用的原精稀释液，在没有专用原精稀释液的情况下，可以用 BTS 等常温保存稀释液（表 5 - 1）。配制原精稀释液时，提前把水浴锅打开，调到 32～35 ℃，放入稀释用水（无菌）一段时间后，当稀释用水温度到 32～35 ℃再稀释试剂，稀释后平衡 1 h 以上待 pH 稳定后再使用。也可以提前一天溶解后，放置在 4 ℃冰箱保存过夜备用。绝对不要把剩余的稀释液冰冻再用。

②冷冻稀释液配制：以 TCG 冷冻稀释液为例，称取葡萄糖 11.00 g、柠檬酸 14.80 g、三羟甲基氨基甲烷（Tris）24.20 g、庆大霉素 300 mg 或青霉素、链霉素各 100 万 IU 和卵黄 200 mL，加蒸馏水至 1 000 mL，充分溶解，经磁力搅拌器充分搅拌均匀（30 min 以上），以 12 000g 离心 10 min，取上清液，制成 I 液。取 I 液 564 mL 加入 36 mL 甘油充分搅拌均匀配制为 600 mL II 液，II 液中甘油浓度为 6%。冷冻稀释液经冷藏或冷冻后可用，但二次冷藏或冷冻后不能再用。

③ 解冻稀释液配制：以 BTS 解冻液为例，称取葡萄糖（无水）3.7 g、EDTA‑Na₂ 0.125 g、柠檬酸钠·2H₂O 0.6 g、氯化钾 0.075 g、碳酸氢钠 0.125 g，加无菌纯水至 100 mL 充分溶解。在 BTS 基础上可以加 0.2%咖啡因。

4. 马、驴

（1）常用马和驴冷冻精液稀释液配方及配制方法：

① 配方 1：

a. 基础液：葡萄糖 6.67 g、乳糖 4 g、柠檬酸钠 0.4 g、EDTA 0.13 g、青霉素 10 万 IU、链霉素 10 万 IU、无菌纯水 100 mL。

b. 离心液：基础液或 0.9%氯化钠溶液。

c. 冷冻稀释液：基础液 75 mL、甘油 5 mL、卵黄 20 mL。

② 配方 2：

a. 基础液：葡萄糖 8 g、果糖 2.7 g、EDTA 0.13 g、青霉素 10 万 IU、链霉素 10 万 IU、无菌纯水 100 mL。

b. 离心液：基础液或 0.9%氯化钠溶液。

c. 冷冻稀释液：基础液 75 mL、甘油 5 mL、卵黄 20 mL。

③ 其他成品稀释液：法国卡苏 INRAFreeze 套装、德国米尼图 EquiPro® CryoGuard™ 等。

（2）常用马冷冻精液稀释液配方及配制方法：

① 配方 1：

a. 基础液：乳糖 14.7 g、果糖 5.33 g、青霉素 10 万 IU、链霉素 10 万 IU、无菌纯水 100 mL。

b. 离心液：基础液或 0.9%氯化钠溶液。

c. 冷冻稀释液：基础液 75 mL、甘油 5 mL、卵黄 20 mL。

② 配方 2：

a. 脱脂奶：取新鲜马奶过滤后，100 ℃水浴灭菌 10 min，缓慢降至室温后，置于 4 ℃ 冷藏，随后离心去除上层脂质和下层沉淀，得到脱脂奶，其保存时间不超过 3 d。

b. 基础液：葡萄糖 2.00～2.40 g、乳糖 3.40～4.00 g、海藻糖 0.60～1.00 g、谷胱甘肽（glutathione，GSH）0.061～0.092 g、柠檬酸钠 0.50～0.70 g、脱脂奶 30～50 mL、卵黄液 2.5～4.5 mL、青霉素 10 万 IU、链霉素 10 万 IU，用无菌纯水配制成 100 mL。

c. 冷冻稀释液：取基础液 96.5～94.5 mL 和甘油 3.5～5.5 mL，搅拌 20～40 min，即得 100 mL 冷冻稀释液。

③ 配方 3：

葡萄糖‑EDTA 液（原精稀释液）：葡萄糖 60.0 g、柠檬酸钠·2H₂O 3.7 g、乙二胺四乙酸二钠 3.7 g、碳酸氢钠 1.2 g、双氢链霉素 1.0 g、青霉素钠 G 0.48 g，加无菌纯水至 1 000 mL 充分溶解。

11%乳糖液：乳糖 11.0 g 加无菌纯水至 100 mL 充分溶解。

冷冻稀释液配制：11%乳糖液 50.0 mL、葡萄糖-EDTA 液 25.0 mL、卵黄 20.0 mL、甘油 5.0 mL，磁力搅拌器上搅 30 min。

5. 犬

犬冷冻稀释液配方及配制方法如下：

① 配方 1：

稀释液原液配制方法：取 Tris 3.04 g、柠檬酸 1.7 g、果糖 1.2 g、谷胱甘肽 5 mmol/L、青霉素和链霉素各 20 万 IU，无菌纯水 100 mL，充分摇荡溶解。

稀释液 I 配制方法：取原液 80 mL，加 20 mL 新鲜蛋黄，用磁力搅拌器搅拌 30 min，然后调节到室温备用，不离心直接稀释则放 30～35 ℃备用。

稀释液 II 配制方法：取稀释液 I 45 mL，加入 5 mL 甘油，用磁力搅拌器搅拌 30 min。然后冷却到 5 ℃备用。

② 配方 2：

稀释液原液配制方法：Tris 3.04 g、柠檬酸 1.7 g、果糖 1.2 g、牛血清蛋白 0.2 g、青霉素和链霉素各 20 万 IU、无菌纯水 100 mL，充分摇荡溶解。

稀释液 I 配制方法：取原液 80 mL，加新鲜蛋黄 20 mL，用磁力搅拌器搅拌 30 min，然后调节到室温备用，不离心直接稀释则放 30～35 ℃备用。

稀释液 II 配制方法：取稀释液 I 45 mL，加入 5 mL 甘油，用磁力搅拌器搅拌 30 min。然后冷却到 5 ℃备用。

6. 兔

兔常用冷冻稀释液配方及配制方法如下：

① 配方 1：Tris 3.03 g、柠檬酸 0.168 g、葡萄糖 1.25 g、青霉素和链霉素各 10 万 IU、无菌纯水 100 mL，用磁力搅拌器搅拌 30 min 充分摇荡溶解。

② 配方 2：葡萄糖 2.5 g、EDTA 0.225 g、$NaHCO_3$ 0.12 g、Tris 0.565 g、柠檬酸钠 0.69 g、柠檬酸 0.2 g、BSA 0.3 g、庆大霉素 0.05 g、无菌纯水 100 mL，用磁力搅拌器搅拌 30 min 充分摇荡溶解。

③ 配方 3：一水乳糖 8.00 g、Equex STM 1.4 g、卵黄 23 g、青霉素和链霉素各 10 万 IU、无菌纯水 100 mL，用磁力搅拌器搅拌 30 min 充分摇荡溶解。

三、采　精

(一) 公畜的调教

要使公畜适应采精，尤其是适应爬跨假台畜采精，必须经过一段时间的调教训练。调教方法很多，可根据具体情况选用。例如，在假台畜的后躯，涂抹发情母畜阴道黏液或尿液，也可用其他公畜的尿液或精液来代替，或者使用其他公畜已经爬跨采精过的假台畜。又如，在假台畜旁安放一头发情母畜，引起公畜性欲和爬跨，但不让其真正交配，若爬上去立即拉下来，这样反复多次，待公畜性激动已至高潮时，迅速牵走母畜，再诱导公畜爬跨假台畜采精，此时如果假台畜表面覆盖有真畜皮、再沾有发情母畜的特异气味，则诱导爬跨的效果更加理想。在训练公畜时，还可将发情的母畜直接安置在假台畜的底下，公畜只能爬跨在假台畜上。再如，可令待调教的公畜"观摩"一头已调教好的公畜爬跨假台畜，然后诱其爬跨，但在此种情况下要特别注意做好公畜的保定工作以防斗殴。在调教过程中，还可结合播放母畜发情求偶和交配时的录音带，这也有助于刺激公畜性行为充分表现，从而促使其爬跨假台畜。

调教期间，要特别注意改善和加强公畜的饲养管理，以保持健壮的种用体况。同时最好在每日早上公畜精力充沛和性欲旺盛时进行调教，尤其是不宜在炎夏高温季节，气温很高的中午或下午进行。初次爬跨采精成功后，还要连续地经过多次重复训练才能建立起巩固的条件反射。调教过程中，有些公畜胆怯或不适应，要耐心，多接近，勤诱导，绝不能强迫、抽打、恐吓或有其他不良刺激，以防公畜产生性抑制而给调教工作造成更大障碍。有些公畜性烈，人员必须特别注意安全，提防公畜突然袭击。另外，还要注意保护公畜生殖器官免遭损伤和保持其清洁卫生。

每次调教的时间一般不超过 $15\sim20$ min，每天可训练 1 次，但一周最好不要少于 3 次，直至爬跨成功。调教时间太长，容易引起公畜厌烦，起不到调教效果。调教成功后，要连续 3 d，每天采精 1 次，巩固和加强其记忆，以期建立条件反射。以后，每周可采精 1 次，猪至 12 月龄后每周采 2 次，一般不要超过 3 次。

对于难以调教的公畜，可实行多次短暂训练，每周 $4\sim5$ 次，每次至多 $15\sim20$ min。如果采精员或公畜表现厌烦、受挫或失去兴趣，应该立即停止调教训练。

对于藏猪、五指山猪、藏羊等野性强的品种要从幼年开始经常刷拭，培养其与人的亲和性。

一般说来，有无配种经验的种公畜，都可调教成功。调教公猪比调教其他种公畜容易。由于肉用公牛的性欲一般比乳用公牛低，公水牛和公瘤牛本来就对配偶的选择性较强，马则比较神经敏感，故对它们更需细心调教。

（二）采精前的准备

1. 采精场所的准备

采精要有良好的和固定的场所与环境，以便公畜建立起巩固的条件反射，同时保证人畜安全和防止精液污染。采精场所应该宽敞、平坦、安静、清洁和固定。供保定台畜的采精架和供公畜爬跨射精的假台畜，必须坚固牢实，安放的位置要便于公畜出入和采精人员操作。采精场所的地面既要平坦，但又不能过于光滑，最好能铺上橡胶皮垫以防打滑。采精虽然可在室外露天进行，但一般条件较好的人工授精站都有半敞开式采精棚或室内采精室（大家畜采精室的面积一般为 10 m×10 m 左右）并与精液处理室紧密相连，二者有效隔离，通过专用的双开门传递窗传递精液，分别有独立的洗涤及消毒设备，精液处理室达到洁净实验室卫生标准。采精前要将场所打扫干净，并喷洒消毒和紫外线照射灭菌。

2. 采精用具的准备

（1）牛用采精器的准备：将采精用具有规则地摆放在操作台上，采精器润滑剂（凡士林：液体石蜡＝1∶1）每次用前用水浴煮沸消毒后置于62～65℃水浴锅内待用。也可使用商品化的专用润滑剂。采精器用75%酒精棉球擦拭消毒，无消毒剂残留后注入38℃左右温水，并用消毒纱布将采精器口包裹好，放置于44～46℃的恒温箱内。采精前将采精器从恒温箱中取出，套上保护套，从活塞孔打气使采精器口呈三角形状，涂擦适量润滑剂，采精器加上保护套。青年公牛用光面内胎的采精器，成年公牛可用纹状面内胎的采精器。采精时采精器内温度控制在38～40℃之间，根据季节和不同的牛，温度可做适当调整，最高不得超过43℃。羊、马、驴等采精器准备类似牛。

（2）猪用集精杯的准备：工作人员先洗净双手、擦干，将专用集精袋或食品保鲜袋放进专用集精杯或保温杯中，工作人员只能接触留在杯外的袋口，将袋口打开，环套在杯口边缘，并将精液过滤膜或已消毒的四层纱布（要求一次性使用，若清洗后再用，纱布的网孔增大，过滤效果较差）罩在杯口上，用橡皮筋套住，盖上盖子，放入37℃的恒温箱中预热，冬季更应重视预热。采精时，再取出集精杯，传递给采精员；当处理室距采精地点较远时，应将集精杯放入泡沫箱保温，然后带到采精地点，这样可以减少低温对精子的刺激。每头猪换一个集精袋，避免各个体间混杂；集精袋和滤膜当天用量取出单独包装，避免污染。

3. 冷冻精液生产所需设备

主要包括显微镜（最好是配有摄像显示屏系统的相差显微镜）、37℃恒温板、低温高速离心机、细管分装封口机、细管印字机、精液程序化冷冻仪、风冷式平衡柜、精子密度仪等。

4. 稀释液的准备

把配制的精液稀释液放入相应温度环境备用。

5. 种公畜的准备

种公畜采精前的准备，包括体表的清洁消毒和性的准备（诱情）两个方面。这和精液的质量和数量都有密切关系。

采精前，阴毛过长时应适度修剪，擦洗公畜下腹部，用0.1%高锰酸钾溶液等洗净其包皮外并抹干，挤出包皮腔内积尿和其他残留物并抹干。在有些人工授精站，还分别具有冲洗包皮腔、淋浴和风干全身体表以及紫外线灯照射消毒等专门设备，以便尽可能减少精液的污染和促进公畜建立性条件反射。现阶段各国对生产出口冻精的优秀种公畜的饲养、管理、体质、健康、采精现场和畜体的清洁卫生等各个方面要求十分严格。为了生产无特定病原（SPF）冻精，不仅从采精开始就注意预防某些危害大的疫病传播，甚至从其胚胎时期开始，就已注意预防某些病原微生物对成年后公畜可能带来的精液污染危险。

对各种公畜采取相应的性刺激方法，以便有良好的采精效果。

（三）采精方法及其技术要领和采精频率

1. 采精方法及其技术要领

（1）假阴道法：采精者一般应立于公畜的右后侧。当公畜爬上台畜时，要沉着、敏捷地将假阴道紧靠于台畜臀部，并将假阴道角度调整好使之与公畜阴茎伸出方向一致，同时用左手托住阴茎基部使其自然插入假阴道。射精完毕当公畜跳下时，假阴道不要硬行抽出，待阴茎自然脱离后立即竖立假阴道，使集精杯（瓶）一端在下，迅速打开气嘴阀门放掉空气，以充分收集滞留在假阴道内胎壁上的精液。

　　牛、羊、马、驴对假阴道内的温度比压力要敏感，因此要特别留意温度的调节。应用手掌轻托公畜包皮，避免触及阴茎。牛、羊射精时间非常短促，用力向前一冲时即行射精；因此要求动作敏捷准确并注意防止阴茎导入时突然弯折而损伤阴茎，还要紧紧握住假阴道，防止掉落。牛假阴道采精见图 5-1，驴假阴道采精见图 5-2。

图 5-1　牛的采精（假阴道法）　　　　图 5-2　驴的采精（手握法）

　　公猪在自然交配时．螺旋状的阴茎龟头是在母猪的子宫颈紧紧地约束下才发生射精的。用假阴道采精时，也必须特别注意假阴道内的压力调节。公猪射精时间长达数分钟，射精的几个阶段（一般 2~4 个）之间会出现射精暂停，此时特别要通过双联充气球恢复内胎壁有节奏的弹性调节，以保持公猪快感，增加射精量。

　　对于公兔，在采精器中注入温水并装上预热的集精管，将一只成年母兔放入公兔笼内，待公兔爬跨时，将采精器置于母兔阴门处，顺势将阴茎导入采精器内，公兔射精后侧倒时迅速将采精器竖立拿出兔笼，将夹层中的温水弃去，以便精液全部流入集精管中。

　　（2）手握法和筒握法：猪的手握法（图 5-3）又称拳握法，用手掌代替假阴道采精，是目前广泛采用的一种方法。与假阴道法相比，它具有设备简单、操作容易和便于选择性地收集"浓份精液"等优点。其操作方法如下：

　　采精员应洗净手掌且消毒擦干，并戴上消毒过的医用外科手套，尽量减少精液污染机会。

　　当公猪开始爬跨假台猪并逐步伸出阴茎时，采精员应将手掌握成空拳使公猪阴茎导入其内。待公猪阴茎在空拳内来回抽转一些时间后，并且螺旋状阴茎龟头已伸露于掌外时，应由松到紧并带有弹性节奏地收缩握紧阴茎，不再让其转动和滑脱。待阴茎继续充分勃起向前伸展时，应顺势牵引向前将其带出（千万不要强拉），同时不让转

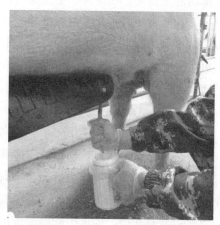

图 5-3　猪的采精（手握法）

动和滑脱，手掌继续做有节奏的一紧一松的弹性调节，直至引起公猪射精。

用包裹毛巾或专用棉套的集精瓶或保温杯接取精液，以防低温打击。射精时可暂时停止弹性调节，但在射精暂停时，可恢复弹性调节，直至重新射精为止。最初射出的少量精液所含精子很少，可以不必接取。如果不需要测量射精量，则可用 2～4 层纱布覆盖集精瓶口来过滤精液，以减少尘埃污染和直接除去胶状物。

手握法也可采用胶管采精套代替手握采精。可取猪用集精胶漏斗或用 1/2 长的羊用假阴道内胎作胶管，在其一端套上一个相应口径大小的圆环，并使胶管翻转包裹固定在环上，以使胶管口呈圆形张开便于套住公猪阴茎。圆环可用截短的适当大小的塑料管、竹筒等制成。

猪的筒握法是将假阴道改短并接一个集精胶漏斗，用手隔着漏斗握住阴茎对龟头施加弹性压力，如同手握法一样采集精液。此法具有假阴道法和手握法的双重优点，故同样具有较大实用价值，但其实际应用仍然不如手握法普及。

（3）电刺激法：此法近年来有所发展，在牛、羊、猪、兔和特种经济动物都已采用，并已有与之相适应的各种电刺激采精器，其中以羊和特种经济动物使用效果较好，也较多地用于性欲差、肥胖、爬跨困难或不易调教采用假阴道采精的种公牛采精。

电刺激法通过电流刺激有关神经而引起公畜射精。电刺激采精器包括电刺激发生器（电源）和电极探子两个基本部件。发生器由控制频率的定时选择电路、多谐振荡器的频率选择电路、调节多档的直流变换电路和能够输出足够刺激电流的功率放大器 4 部分组成。电极探子则是适应大、中、小动物不同类型的空心绝缘胶棒缠绕而成的直型电极或指环式电极。

采精时，先将公畜侧卧或站立保定，必要时大家畜（如牛，特别是马、鹿等野生动物）可使用静松灵、司可林、氯胺酮等药物镇静。剪去包皮附近被毛并用生理盐水等冲洗拭干。如能设法排出直肠内宿粪效果将更好。然后即可持直型电极探子由肛门慢慢插入直肠内，牛、鹿深度 20～15 cm，羊约 10 cm，小动物（兔）约 5 cm，置于紧贴直肠底壁靠近输精管壶腹部。如果采用指环式电极，对牛，则可将其套在以胶皮手套绝缘的拇指和食指上，插入直肠并固定于腰荐部神经处。接着通过旋钮起动和调节电刺激发生器，接通电源，选好频率，控制电压电流，由低开始，按一定时间通电及间歇，在一定范围内逐步增加电压和电流刺激强度，直至公畜排出精液。一般副性腺的分泌物排出起始于低电压，而射精则发生于高电压。用电刺激法采得的精液量较大而精子密度较小。公绵羊对电刺激反应比牛又快又好，一般每 7 s 增高电压 1 V，经过 4～7 次间歇性刺激即可引起公绵羊射精。

（4）按摩法：此法适用于牛、犬和家禽。

对公牛按摩采精时，操作者先将其直肠内宿粪排出，再将手伸入直肠约 25 cm 处，轻轻按摩精囊腺以刺激精囊腺的分泌物自包皮排出。然后将食指放在输精管两膨大部中间，中指和无名指放在膨大部外侧，拇指放在另一膨大部外侧，同时由前向后轻轻拌以压力，反复进行滑动按摩，即可引起精液流出，由助手接入集精杯（管）内。为了使阴茎伸出以便助手收集精液，尽量减少细菌污染程度，也可按摩 S 状弯曲。用按摩法采得的精液比用假阴道法所采得的精液密度低，且细菌污染程度较高。

对犬采精时，一个操作者双腿夹住犬头部，两手拉着犬的项圈，站立保定。采精者蹲于犬左后方，用左臂将犬左后肢向前上方推起，右手将犬阴茎包皮向后推，使犬阴茎伸出，这时左手轻轻握住阴茎使其完全伸出，然后开始按摩阴茎球体，并将犬阴茎向后下方弯转，按摩时要涂润滑剂，并且要有较快的频率，等开始射精时，握有集精杯的右手收集精液，见射出的精液变得透明时停止按摩和收集精液，待阴茎完全缩回包皮后，解除保定。

2. 采精频率

合适的公畜采精频率，对维持公畜正常性功能、保持健康体质和最大限度地提高采精数量和质量都是十分重要的。采精频率要根据睾丸定期内产生精子的数量、附睾的贮精量、每次射精量和公畜饲养管理水平衡量。睾丸发育和精子产生数量除受遗传因素影响外，主要与饲养管理密切相关。饲养管理得当，可以适当增加采精频率。但是不顾客观随意增加采精次数将适得其反，不仅导致公畜未老先衰，使用年限缩短，而且精液量减少和质量下降，还直接影响受配母畜数以及受配母畜的情期受胎率和产仔数。

公牛每周可采精2～3次，连续采精两次时，往往第二次采得的精液无论数量和质量都较第一次好，可将其混合使用。如果饲养管理条件较好，短期内每周采精6次也不会影响性机能。青年公牛的精子生产较成年公牛少1/3～1/2，故采精次数应当酌减。水牛的采精频率与普通公牛相似。

公猪因射精量大，采精次数一定要适当控制。经常采精时，成年公猪最好不多于隔日一次；青年公猪（1岁左右）和老龄公猪（4岁以上）以每3d采精一次为宜。

绵（山）羊配种季节短，射精量少而附睾贮精量大，因此在配种季节内每天多次采精并连续数周也无多大问题。

在各种公畜人工授精站，如果发现公畜性欲下降，射精量明显减少，精子密度降低，镜检时发现未成熟的精子（如尾部带有原生质滴）比例增加，则要考虑是否由于采精频率过高而引起，应让公畜适当休息，调整采精次数并适当增加营养。

四、精液品质检查

精液品质检查是为了鉴别精液品质的优劣。评定的各项指标，既是确定新鲜精液进行稀释、保存的依据，又能反映公畜饲养管理水平和生殖器官的机能状态（常用作诊断公畜不育或确定种用价值的重要手段），同时也是衡量精液在稀释、保存、冷冻和运输过程中的品质变化及处理效果的重要判断依据。

1. 精液品质检查的基本操作原则

① 采得的精液要迅速置于32～35℃恒温水浴中或保温瓶中，以防温度突然下降对精子造成低温打击。按照规定要求，注意保持工作室（20～30℃）和显微镜周围（37～38℃）适当温度。如果同时进行多头公畜精液检查时，要对精液来源做出标记，以防错乱。

② 事先做好各项检查准备工作，在采得精液后立即进行品质检查。检查时要求动作迅速，尽可能缩短检查时间，以便及时对精液做出稀释保存等处理，防止质量下降。

③ 检查操作过程不应使精液品质受到损害，如蘸取精液的玻棒等用具，既要消毒灭菌，但又不能残留有消毒药品及其气味。

④ 取样要注意代表性，应从采得的全部并经轻轻摇动或搅拌均匀的精液中取样，以力求评定结果客观准确。

⑤ 精液品质检查项目很多，通常采用逐次常规重点检查和定期全面检查相结合的办法。检查时不要仅限于精子本身，还要注意精液中有无杂质异物等情况。

⑥ 评定精液质量等级，应对各项检查结果进行全面综合分析，一般不能由一两项指标就得出结论。有些项目必要时要重复 2～3 次，取其平均值作为结果。对一头种公畜精液品质和种用价值的评价，更不能只根据少数几次检查结果，而应以某个阶段多次评定记录作为综合分析结论的依据。

2. 精液品质检查项目及其方法

(1) 颜色：正常的精液一般为乳白色或灰白色，而且精子密度越高，乳白色程度越浓，其透明度也就越低。所以各种家畜的精液甚至同一个体不同批次的精液，色泽都在一定范围内有所变化。正常普通牛、羊精液均为乳白色，但有时呈乳黄色（多见于普通牛，是因为核黄素含量较高的缘故）；水牛精液为乳白色或灰白色；猪、马、兔为淡乳白色或浅灰白色。

如果颜色异常，则为不正常现象。如果精液带有浅绿色或黄色，则是混有脓液或尿液的表现；若带有淡红色或红褐色，即为含有鲜血或陈血的证明。这样的精液应该弃而不用，并应立即停止采精，与兽医会诊寻找发生的原因和确定诊疗方案。精液采精后首先观察颜色，颜色异常应弃去。若猪精液中含有淀粉状的、白色或灰白色半透明的固态胶状物或有其他杂物要将其过滤除去。

(2) 气味：公畜的精液略带腥味。如有异常气味，可能是混有尿液、脓液、尘土、粪渣或其他异物的表现，应废弃。色泽和气味检查可以结合进行，使鉴定结果更为准确。

(3) 精液量：牛、羊、兔等精液量一般直接从集精杯上读取，对猪、马、驴等精液量大的畜禽，用电子秤称量精液量是最好的方法，按每 1 mL＝1.0 g 计。电子秤精确至 1～2 g，最大称量 3～5 kg。注意原精液请勿转换盛放容器，否则将导致较多的精子死亡，因此，勿将精液倒入量筒内测定其体积。

(4) 精子密度：精子密度的测定方法有精子密度仪测定法、红细胞计数法等。

(5) 精子活力：取 10 μL 精液置于载玻片上，加盖玻片，在 200～400 倍相差显微镜下观察活力。

检查精子活力通常采用显微镜放大，对精液样品进行目测评定，或通过精子质量自动分析系统测定。前者有主观性，后者通过光电技术、计算机技术检测，比传统目测法客观，重复性和准确度更好。

精子活力是指前向运动的精子占总精子数的百分率。分级按 0.0～1.0，或者 0%～100%。新鲜精液的活力要求不低于 0.7。精子活力是经验性很强的指标，它与精子的受精能力有强的相关关系。但它是一个"质量指标"，不是"数量指标"，即它将精液分为

"好的"（活力≥0.7）和"差的"（活力<0.7），也就是说，活力为0.8的精子的受精能力并不比活力为0.9的精子差，活力为0.4的精子的受精能力并不比活力为0.3的精子好。精子耐冻性也是这个规律。所以，实际生产中要根据受精能力或耐冻性来决定精液取舍。

（6）酸碱度：家畜新鲜精液pH一般为7.0左右，但因畜种、个体、采精方法不同以致精清的比例大小不一，而使pH稍有差异或变化。如牛、羊精液因精清比例较小呈弱酸性，故pH为6.5～6.9；猪、马因精清比例较大，故pH为7.4～7.5。又如黄牛用假阴道法采得的精液pH为6.4，而用按摩法采得的精液pH上升为7.85。公猪最初射出的精液为弱碱性，其后精子密度较大的浓份精液则呈弱酸性。如若公畜患有附睾炎或睾丸萎缩症，其精液呈碱性反应。精液pH的高低影响着精液的质量。同种公畜精液的pH偏低其品质较好；pH偏高的精液其精子受精力、生活力、保存效果等显著降低。原精液的pH与精子存活率的相关系数为-0.47，故储存后的精液的pH变化情况在一定程度上可以表示品质的变化。但是，经过稀释处理的精液储存时其pH变化较小（因稀释液含有缓冲保护物等），因此其pH不能直接说明精子存活率的变化。

测定pH的最简单方法是用pH试纸比色，目测即得结果，适合基层人工授精站采用。另一种方法是取精液0.5 mL，滴上0.05 mL的溴化麝香兰，充分混合均匀后置于比色计上比色，从所显示的颜色便可测知pH。用电动比色计测定pH结果更为准确，但玻璃电极球不应太大，一次测定的样品量要少。国外已有一次只需0.1～0.5 mL样品的微量pH计。

生产上通常不对精液的pH进行检查。

（7）精子畸形率：畸形精子指大头、顶体脱落、头部缺口、头形不正、小头、双头、曲尾、双尾、有原生质滴等精子等（图5-4）。检查活力时考察畸形率，若大于20%则废弃。

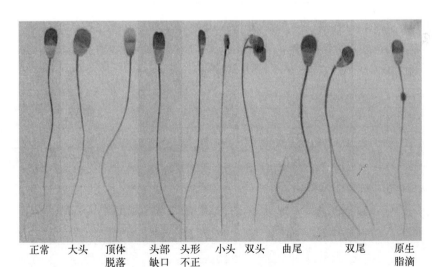

| 正常 | 大头 | 顶体脱落 | 头部缺口 | 头形不正 | 小头 | 双头 | 曲尾 | 双尾 | 原生脂滴 |

图5-4　正常和畸形精子图

（8）记录：在记录表中记录个体号、采精量、密度、活力等信息。牛、羊、兔记录表见表5-3，猪、马、驴记录表见表5-4。

表 5-3 冷冻精液生产记录表 1

时间	耳号	每次射精量（mL）		总采精量（mL）	精液颜色	原精活力	原精密度（亿个/mL）	气温（℃）	采精人	稀释倍数	稀释后活力	平衡前温度（℃）	平衡后活力	平衡时间（h）	预冷时间（h）	冷冻后活力	冷冻数量	袋号	指形管号	冷冻人
		一次	二次																	

全国畜牧总站畜禽遗传资源保存利用中心制

表 5-4 冷冻精液生产记录表 2

日期	公畜		原精情况			原精稀释后情况			离心后稀释、平衡				冻精情况			技术员	备注
	耳号	品种	采精量（mL）	活力	密度（亿个/mL）	容量（mL）	活力	密度（亿个/mL）	预设密度（亿个/mL）	稀释量（mL）	平衡时间（h）	平衡后活力	解冻后活力	支数	袋号		

全国畜牧总站畜禽遗传资源保存利用中心制

五、稀释、平衡及运输

1. 稀释

牛、羊、兔等家畜一般进行一次稀释，对于一些冷冻效果不好或需要对精液进行离心的品种使用 2 次以上稀释。

牛、羊、兔等家畜用含有抗冻剂的稀释液按密度要求做一次性稀释，稀释时稀释液和精液要等温（32～35 ℃），稀释时先加少量稀释液摇匀，在 32～35 ℃水浴中暂存 10 min 后再加稀释液到最终稀释量。

猪、马、驴、犬等家畜精液需要离心，离心前用 32～35 ℃原精稀释液按 1∶（0.5～3.0）的比例进行第 1 次稀释。稀释要点是采集的精液要在半小时内完成稀释，要求稀释液与精液的温度相差不能超过±1 ℃；稀释时，将稀释液沿盛精液容器壁缓慢加进，不可将精液倒进稀释液内，加入稀释后将盛精液容器轻轻转动，使二者混合均匀，切忌剧烈振荡。如做高倍稀释，应分次进行，先低倍后高倍，防止精子所处的环境忽然改变，造成稀释打击。若稀释后的精液活力下降明显，说明稀释液有问题或操作不当。马、驴、犬等家畜精液要进行 2 次稀释，猪等家畜要进行 3 次稀释。

2. 平衡

稀释后先室温（25 ℃左右）静置一段时间，此时要注意降温速度，环境温度低时，要包裹毛巾。牛、羊、兔等动物一次稀释者室温（25 ℃左右）静置 0.5 h 左右，在 25 ℃左右常温实验室操作台上进行精液的分装，分装后的细管精液用 2～4 层毛巾包裹，放入 4 ℃冷藏柜中平衡 3～4 h 后冷冻。或者用水杯盛适量的 33 ℃水，把稀释管放入后送 4 ℃低温柜内降温平衡，2 h 后水杯中加冰块促使其快速降温至 4 ℃（空细管亦应降至 4 ℃），再在低温柜中进行细管分装。如果牛、羊、兔等家畜精液需要二次稀释，则加完不含抗冻剂的第一液，用烧杯盛适量的 32～35 ℃水，把稀释管放入后送 4 ℃低温柜内降温，与此同时把含冷冻剂的第二液也放入 4 ℃低温柜内，平衡 2 h 后水杯中加冰块促使其快速降温，1 h 后当降温至 4 ℃时加入等温等体积第二液，加入第二液后再平衡 45 min 在低温柜中进行细管分装。

马、驴等室温（25 ℃左右）平衡 1 h 后离心，猪静置 1～2 h 后放入 17 ℃冰箱平衡 2 h 以上再离心，或长途运输后再离心，长途运输时要保存在 17 ℃。

3. 运输

若实验室和采精点不在一起，自己到采集点取或通过长途车托运时要保温、防震防爆、避光，24 h 内运达。对于牛、羊、兔等动物采取两步稀释，运输过程中用不含抗冻剂的稀释液，用毛巾包裹放入 4 ℃车载冰箱或保温盒运输。猪、马、驴、犬等动物用原精稀释液稀释后放入 17 ℃车载冰箱或保温盒运输。

六、离心、再稀释及再平衡

1. 离心

对于牛、羊、兔等家畜精液不离心，对于猪、马、驴、犬等家畜精液进行离心，第一步是把稀释后精液装入 50～500 mL 离心瓶里，并标记，在 17 ℃（猪）或室温（马、驴、犬）和离心力 800g 的条件下离心 12～20 min，离心时间视分离情况而定，最佳离心状况是倒上清时还有一点点精液粥会流动，或显微镜检查上清液中只有极少量精子。马、驴使用的国卡苏 INRAFreeze 稀释液有离心垫，按产品说明书进行。第二步是吸去或倒去上清液，并测量上清液的体积和密度，计算出上清液中总精子数（体积×密度）。若上清液总精子数超过 10 亿个，则需要把上清液再离心一次。一般达最佳离心状况时不再测定。

2. 再稀释

对马、驴、犬等家畜精液离心后，把大部分室温冷冻稀释液缓慢地分加到几份离心后沉淀的精液粥中，用一次性滴管或移液枪以吸吐方式悬浮精子，将几个离心管合并，最后加入到最终稀释量。

对于猪，把大部分 17 ℃ 的不同抗冻剂的Ⅰ液缓慢地分加到几份离心后沉淀的精液中，用一次性滴管或移液枪以吸吐方式悬浮精子，将几个离心管合并，再用Ⅰ液洗涤瓶底，再合并，这时的体积不超过最终稀释体积的一半，最后用Ⅰ液补足到最终稀释体积的一半。计算公式如下：

加入Ⅰ液的体积 V1（mL）＝{［总精子数（亿个）－上清液中精子数（亿个）］÷

目标密度（亿个/mL）}÷2－离心后精子粥体积（mL）

式中：上清液中精子数为上清液体积乘密度。离心效果好时可不计。目标密度是将要制作的冷冻精液的密度，其决定了冷冻精液稀释量，目标密度主要根据产品要求而定，冻后能达到的活力和原精密度也影响目标密度大小。产品的每支有效精子数和冻后活力等要求共同决定了精液的目标密度大小，即稀释倍数大小，在每支有效精子数一定的情况下，冻后活力越高，目标密度就低，即稀释倍数就大。原精密度低目标密度也不能太高，如地方猪种原精密度一般很低，若目标密度太高，加入的Ⅰ液稀少会影响冷冻效果。生产中也会因离心过程中精子分离不彻底，离心后精子粥体积多，Ⅰ液加得少，此时应重新离心，或者调低冷冻精液目标密度。

猪保种冷冻精液控制有效精子数实例：

① 对于 0.25 mL 细管，实际每支细管有 0.20 mL 左右精液，要求每支细管的有效精子数为 0.25 亿个，则不同冻后活力的目标密度见表 5-5。

表 5-5   以 0.25 mL 细管为例控制有效精子数

冻后活力	每支精子数（亿个，0.25÷冻后活力）	每毫升精子数［亿个，每支精子数（亿个）÷剂量 0.20］
0.30	0.83	4.15
0.35	0.71	3.57
0.40	0.63	3.13
0.45	0.56	2.78
0.50	0.50	2.50

② 对于 0.50 mL 细管，实际每支细管有 0.40 mL 左右精液，要求每支细管的有效精子数为 0.50 亿个，则不同冻后活力的目标密度见表 5-6。

表 5-6　以 0.50 mL 细管为例控制有效精子数

冻后活力	每支精子数（亿个，0.50÷冻后活力）	每毫升精子数［亿个，每支精子数（亿个）÷剂量 0.40］
0.30	1.67	4.18
0.35	1.43	3.58
0.40	1.25	3.13
0.45	1.11	2.78
0.50	1.00	2.50

3. 再平衡

对马、驴、犬等家畜精液离心和稀释后，室温操作台上进行分装，分装后用 2~4 层毛巾包裹，放入 4 ℃冷藏柜中平衡 3~4 h 后冷冻。或者用水杯盛适量的室温水，把稀释管放入后送 4 ℃低温柜内降温平衡，2 h 后水杯中加冰块促使其快速降温至 4 ℃（空细管亦应降至 4 ℃），再在低温柜中进行细管分装。

对于猪等动物用 I 液重悬浮后的精子置于盛有适量（25 mL 左右）、17 ℃水的烧杯中，于 4 ℃冰箱或低温操作柜中降温平衡，使精液在 2.5~3 h 缓慢降温至 4~5 ℃，并在 4~5 ℃平衡 0.5~1 h。若 17 ℃水加多了或冰箱降温不好造成降温慢，可以在平衡后 1.5 h 左右往烧杯中加适量冰来加速降温。注意平衡过程中用温度计监测温度。

4. 第 3 次稀释

对于猪等家畜的精液在 4~5 ℃平衡后，加入冷冻稀释液 II 液进行等量等温再稀释，其体积 $V2=V1+$ 精子粥体积（mL）。

七、装管、封口及码架

冷冻精液装载剂型有 0.25 mL 细管、0.5 mL 细管、1 mL 细管、5 mL 管、3 mL 袋及 5 mL 袋等。下面介绍的装管、封口、码架及包装只适合前 3 种。5 mL 管、3 mL 袋及 5 mL 袋的分装、封口目前大多是手工操作。

把第 3 次稀释后的精液轻轻晃动混匀，立即在 4~5 ℃的环境中用印有标记的细管进行装管、封口，并在细管托架上码好。

细管标记方法是在细管上标明保种场（保护区）建设单位代码或品种代码、供体号和生产日期。保种场（保护区）建设单位代码用汉语拼音大写首字母表示；品种代码为该品种汉字的汉语拼音大写首字母；生产日期按年月日次序排列，年月日各占两位数字，年度的后两位数组成年的两位数，月、日不够两位的，月、日前分别加"0"补充为两位数。

细管标记示例：

CQXK　RCZ　17003　190525

棉塞封口端　　　　　　　　　　　　　　　　　　　　封口端

CQXK 为重庆畜牧科学院代码，RCZ 为荣昌猪的品种代码，17003 为该公猪号，190525 为 2019 年 5 月 25 日的生产日期。

八、冷　　冻

1. 程控冷冻仪冷冻法

分装细管前启动冷冻仪，选择好冷冻程序并启动，将冷冻室温度降至 4～5 ℃，暂停。精液灌装完后尽快冷冻。程控冷冻仪与低温平衡柜应尽量靠近。牛羊冷冻曲线可参考表 5-7，猪、马、驴可参考表 5-8。

表 5-7　0.25 mL 细管程控冷冻仪冷冻曲线

步骤	温度（℃）	需要时间（min）	速率（℃/min）
0	5	0	
1	−12	2.3	−3
2	−40	2.8	−10
3	−140	2.5	−40
4	−140	10	0

表 5-8　0.50 mL 细管程控冷冻仪冷冻曲线

步骤	温度（℃）	需要时间（min）	速率（℃/min）
0	4	0	
1	1	1.5	−2
2	−25	2.4	−30
3	−140	6.2	−30
4	−140	21.2	0

2. 自制冷冻箱或泡沫盒冷冻法

用自制的冷冻箱或泡沫盒冷冻细管时，冷冻箱的深度应在 50 cm 以上，有利于保持温度。冷冻时细管距液氮面的距离一般为 3～5 cm。没有放入架有细管的冷冻架前的细管所在面温度调节至−160～−170 ℃，细管数量多，初冻温度低些，细管放入后通过开启盖子或搅动液氮来调节温度，能升降冷冻架更好。细管温度一般控制在−80～−120 ℃。熏蒸细管 8 min。温度调控主要取决于自制冷冻箱或泡沫盒保温效果、细管离液氮面的距离和一次冷冻的细管数。

九、收集包装

冷冻完成后，打开低温容器盖子，冷冻精液按号投入盛满液氮的不同提筒中，细管的封口端在上，棉塞封口端在下，不得倒置，以避免细管棉塞端的爆脱。细管装入贮精管，棉塞封口端朝贮精管底部。贮精管上标记品种、公畜号、生产日期、活力及数量；再用灭菌纱布袋包装起来，放入液氮罐中保存，纱布袋标记品种、供体号、生产日期、解冻后精子的活力、数量；一个灭菌纱布袋装一头公畜的冷冻精液，可装不同生产批次的冷冻精液。

十、解冻和冷冻后镜检

1. 冷冻精液的解冻

解冻时，从液氮中取出冷冻精液，迅速放入恒温水浴锅中，轻轻摆动解冻，牛、羊、兔 0.25 mL 细管冷冻精液 38 ℃下解冻 10～40 s，猪、马、驴 0.50 mL 细管冷冻精液 50 ℃下解冻 17 s。牛、羊、马、驴、兔等冷冻精液解冻后不需要稀释直接检查；猪冷冻精液解冻后在室温（26 ℃）下用预热的解冻液进行相应浓度稀释，若只是检测活力不用于配种可以在 36 ℃解冻液中 5～10 倍稀释。

2. 冷冻后镜检

牛、羊、马、驴、兔等冷冻精液解冻后直接观察。猪冷冻精液解冻稀释后在 26 ℃水浴中恢复 15～20 min 再观察活力，36 ℃解冻液稀释的冻精恢复 5 min 后观察。

取 10 μL 的解冻稀释后精液置于载玻片上，加盖玻片，在 200～400 倍相差显微镜下观察活力，显微镜载物台温度保持 37 ℃。注意 26 ℃解冻液稀释的猪冷冻精液置于载玻片上，加盖玻片后要预热 5～10 s 后观察。

根据此次镜检解冻情况初步决定精液是否留存。要求对此批次的每头公畜都做，检测内容主要是活力，活力达不到要求丢弃，同时判断每剂前向运动精子数（结合活力和密度判断）、精子畸形率、顶体完整率等指标，若明显达不到要求的丢弃，可疑的需要对这些产品做深入检测再决定是否留存。

建议冻精临时存放 48 h 后再进行镜检，因为冷冻后精液只有在 -196 ℃的环境中贮存满 48 h 后其镜检的活力才是其品质的真实反映。

十一、贮　　存

冷冻精液贮存要求：

一是冷冻精液应贮存于液氮罐的液氮中，贮存冷冻精液的低温容器应符合 GB/T 5458 标准规定。

二是每个个体的冷冻精液应单独贮存。

三是设专人管理，每天检查，定时添加液氮，保证液氮罐中液氮充足。有条件使用液位监测及自动添加液氮设备。

四是贮存冷冻精液的容器每年至少清洗一次并更换新鲜液氮。

第二节　冷冻胚胎

胚胎冷冻技术是保存畜禽遗传资源的重要手段。该项技术利用超数排卵技术获得较多的胚胎，不仅可使胚胎移植不受时间和空间的限制，而且能严格筛选受体，保证受体的质量，提高受胎率；胚胎保存可解决引种和运输种畜的困难，尤其在国际和国内交流种质资源时，可以减少或防止传染病的传播，加快家畜优良品种的扩繁和改良的进程；建立胚胎基因库可以长期保存优良品种和珍稀、濒危家畜的种质资源，可以避免或者减少因自然灾害、战争等突发事件造成不可抗拒因素的影响。

一、供体动物选择

（一）畜禽遗传资源的选择

根据政府或行业规划，资源濒危程度，资源受环境（疫病、气候等）危害程度，以及特异性和重要性等选择制作胚胎的家畜遗传资源。

（二）个体的选择

所选择个体必须符合品种特征，具有所需要的生产性能和遗传潜力，一级以上。其次就是繁殖能力，繁殖能力主要指性周期是否正常，有无繁殖障碍，年龄是否过大等方面的内容。一般来说，超数排卵处理后的胚胎采取数和供体的年龄、产后天数、品种、胎次以及季节、性激素注射量等相关。牛的年龄超过 10 岁时卵泡数明显减少，所以供体牛最好为 4~6 岁的中年母牛，羊 1.5~4 岁。牛产犊后 6 个月的牛繁殖机能得到了充分恢复，这个阶段进行超数排卵处理可得到较好的采卵结果。羊产羔后 80~90 d，无生殖道疾病，发情周期正常。正常的性周期重复是保证超数排卵效果的关键因素之一。在进行超数排卵前至少要观察 2~3 个性周期的重复情况，并根据性周期的发生注射性激素。性周期易受环境和饲养管理条件变化的影响。因此在实施超数排卵过程中，不要改变其饲养环境和条件。营养状况中等偏上膘情。配种公畜精液活力必须在 0.7 以上。

（三）供体的饲养管理

放牧供体动物应在优质牧草地上放牧，补充高蛋白饲料、维生素和矿物质，并供给盐和清洁的饮水，做到合理饲养，科学管理。供体动物在采卵前后应保证良好的饲养条件，不得任意变换草料和管理程序，在配种季节前开始补饲，保持中等以上体膘。

二、超数排卵处理

自然发情的动物在每个性周期只排出少量的成熟卵子。通过人为注射性激素使雌性动物一次排出高于自然排卵数的技术称作超数排卵（superovulation）。超数排卵效果受供体的体质、繁殖情况、性激素质量以及操作人员技术水平等多种因素的影响，在具体实施处理时需检查相关条件，以期取得有效的胚胎采取结果。牛、羊超数排卵处理主要包括以下几个内容：

（一）同期发情处理

同期发情常用方法有孕激素阴道栓塞法和前列腺素注射法两种。

1. 孕激素阴道栓塞（CIDR）法

将含孕激素的 CIDR 放置于母牛、羊阴道内子宫颈外口处，放置 12~14 d。常用的孕激素种类和剂量为：孕酮 150~300 mg，甲孕酮 50~70 mg，甲地孕酮 80~150 mg，18 甲基-炔诺酮 30~40 mg，氟孕酮 20~40 mg。新西兰、加拿大、美国等国家生产。使用时涂上土霉素类药品可以防止阴道感染。其间有脱落要及时补上。

2. 前列腺素注射法

给母牛、羊任意一天注射前列腺素（$PGF_{2\alpha}$），一般只对发情的做超数排卵处理。

（二）超数排卵处理

各种激素超数排卵效果各异。根据 Suzuki 等的报道，孕马血清促性腺激素（PMSG）处理每头受体牛可回收正常胚胎的数目为（6.58±4.81）个，明显地低于 FSH－LH 处理结果（12.78±9.75）。另外，Critser 等（1980）的实验结果也指明了 FSH 处理好于 PMSG，因此目前牛的超数排卵处理多用 FSH 或 FSH－LH 复合处理法。表 5－9 列出了使用 PMSG 和 FSH、LH 进行牛超数排卵处理的结果比较。品种和个体注射剂量不一样。个体较大或以前处理效果不太好的供体牛可适度加大性激素注射量，但在多数情况下，由于个体差异加大注射量并不能保证取得良好的结果。全国畜牧总站畜禽种质资源保存中心对我国 8 个地方牛品种和 13 个地方羊品种进行了超排处理，激素注射情况见表 5－10、表 5－11。

表 5－9　用 PMSG 和 FSH、LH 超排牛的结果比较

检查项目	PMSG	FSH 和 LH
黄体数（个）	13.6±5.8	17.2±10.0
未排卵卵泡（个）	3.5±2.5	1.4±1.8
回收卵数（枚）	6.6±4.8	12.8±9.8
正常卵数（枚）	4.2±4.4	8.4±9.1
回收卵率（%）	48.20	74.30

注：引自 Suzuki, Shimohera, Fujihara, 1983。

表 5－10　不同牛品种的超数排卵统计表

序号	品种名称	FSH 产地	FSH 剂量	平均 A 级胚胎数（枚）	制作年份
1	复州牛	中科院动物所/日本	8.8 mg/24 AU	7.38/7.50	2005
2	晋南牛	加拿大	360 mg（剂量过大）	4.80	2006
3	郏县红牛	加拿大/宁波	300 mg/320 AU	5.98/5.46	2010
4	南阳牛	加拿大	经产 340 mg/育成 320 mg	3.32/2.83	2005
5	秦川牛	加拿大	300 mg	7.00	2006
6	锦江牛	日本	16.4 AU	4.4	2015
7	雷琼牛	日本	16 AU	4.93	2014
8	巫岭牛	美国/中科院动物所	340 mg/8.2 mg（剂量过大）	2.54/2.58	2012

表 5－11　不同羊品种的超数排卵统计表

序号	品种名称	FSH 产地	FSH 剂量	平均 A 级胚胎数（枚）	制作年份
1	湘东黑山羊	新西兰	8.4 mg	9.8	2008
2	马头山羊	新西兰	8.2 mg	7.34	2008
3	内蒙古绒山羊（二狼山型）	新西兰	7.2 mg	6.87	2009
4	内蒙古绒山羊（阿拉善型）	新西兰	7.2 mg	5.92	2010
5	太行山羊	新西兰	7.2 mg	6.36	2010
6	吕梁黑山羊	新西兰	8.2 mg	3.17	2011
7	黔北麻羊	日本	20 AU	10.21	2015

（续）

序号	品种名称	FSH 产地	FSH 剂量	平均 A 级胚胎数（枚）	制作年份
8	成都麻羊	加拿大	160 mg	4.17	2015
9	贵州黑山羊	美国/新西兰	200 mg/8.0 mg	4.83/4.79	2013
10	贵州白山羊	美国	160 mg	4.63	2013
11	兰州大尾羊	新西兰	10.8 mg	5.00	
12	河南大尾羊	加拿大/新西兰	350 mg/15.5 mg	4.27/5.00	2010
13	青海藏羊	加拿大	240 mg	5.77	2015

以注射促卵泡素（FSH）的复州牛超数排卵常规处理方案为例来展示牛、羊超数排卵处理方案。在放置 CIDR 或注射前列腺素发情后 9～12 d（放置 CIDR 或发情当日以 0 d 计算）注射 FSH，间隔 12 h 注射 FSH 一次，FSH 注射量递减，第 5 次和第 6 次注射 FSH 时注射 PG 1 mg（羊仅第 5 次注射 0.2 mg）诱导发情，第 7 次注射 FSH 时撤掉 CIDR 栓；同时在放 CIDR 和配种时注射维生素 A、维生素 D、维生素 E 混合注射液 3 mL，撤 CIDR 时用 0.9% 生理盐水冲洗阴道，第一次配种时注射促排 3 号 20 μg（羊注射 15 μg）。复州牛超数排卵处理方案见表 5-12，最佳剂量是动物所 FSH 8.8 mg 和日本 FSH 24 AU。

表 5-12　复州牛超数排卵处理方案

时间	动物所 FSH 8.4 mg		动物所 FSH 8.8 mg		动物所 FSH 9.3 mg		日本 FSH 24 AU	
	07:00	19:00	07:00	19:00	07:00	19:00	07:00	19:00
第 0 天	放入 CIDR		放入 CIDR		放入 CIDR		放入 CIDR	
第 9 天	1.3 mg	1.3 mg	1.3 mg	1.3 mg	1.5 mg	1.4 mg	4.0 AU	4.0 AU
第 10 天	1.1 mg	1.1 mg	1.2 mg	1.2 mg	1.2 mg	1.2 mg	3.2 AU	3.2 AU
第 11 天	1.0 mg	1.0 mg	1.1 mg	1.1 mg	1.1 mg	1.1 mg	2.8 AU	2.8 AU
	PG 0.6 mg	PG 0.4 mg	PG 0.6 mg	PG 0.4 mg	PG 0.6 mg	PG 0.4 mg	PG 0.6 mg	PG 0.4 mg
第 12 天	0.8 mg	观察发情	0.8 mg	观察发情	0.9 mg	观察发情	2.0 AU	观察发情
	撤 CIDR	0.8 mg	撤 CIDR	0.8 mg	撤 CIDR	0.9 mg	撤 CIDR	2.0 AU
第 13 天	观察发情，发情后 12 h 第一次配种		观察发情，发情后 12 h 第一次配种		观察发情，发情后 12 h 第一次配种		观察发情，发情后 12 h 第一次配种	
第 14 天	配种		配种		配种		配种	
第 20 天	冲胚		冲胚		冲胚		冲胚	

发情诱发效果和使用 $PGF_{2\alpha}$ 超排处理时注射量、注射次数与重复超排数量有直接关系，牛只注射 1 次的情况下只有 10% 的发情检出率，2 或 3 次注射的发情诱导率一般在 80%～90%，并且卵子回收数目明显提高。晚上注射 $PGF_{2\alpha}$ 后到第 2 天是发情的正常时间。一般方法是在傍晚检查出发情特征时实施 1 次人工授精，第 2 天上午再进行 1 次（第二次）人工授精处理。

三、配　种

1. 配种时间

进行超数排卵处理时，在 $PGF_{2\alpha}$ 注射完 24 h（第 12 天下午）后检查发情情况，发情者不注射第 8 次激素，发情后 12 h 第一次配种，再间隔 12 h 第二次配种，通常大部分是在第 13 天上午表现发情，第 13 天 07:00 就观察发情，发情者 8 h 后进行第一次配种，再间隔12～16 h 进行第二次配种，第二次配种时仍有大量黏液者间隔 8 h 进行第三次配种。

2. 配种方法及人工授精输精量

（1）牛：在公牛充足和健康的情况下可以自然交配，自然交配能提高有效胚胎数量。通常用冻精和常温保存精液进行人工授精。对于性控冻精来说，精子总数少，因此在输精前最好通过直肠检查卵巢卵泡发育情况，推测排卵时间，在此基础上确定输精时间。不论是性控或非性控、新鲜或冷冻精液均可用于人工授精，非性控冻精的注入精子数不低于5×10^7 个，并且要保证精子活力，这样方能得到较好的超排效果。性控冻精的精子活力偏高，一般合计使用 2～4 支进行处理，总精子数为 400 万～800 万个即可。

（2）羊：羊通常情况下使用自然交配，每只公羊每次超排中配 1～2 只母羊。在公羊数量不足的情况下进行鲜精阴道内子宫颈口人工授精或腹腔内窥镜子宫角输精。

① 阴道内子宫颈口人工授精：将待配母羊牵到输精室内的输精架上固定好，并将其外阴部消毒干净，输精员右手持输精器，左手持开膣器，先将开膣器慢慢插入阴道，再将开膣器轻轻打开，寻找子宫颈。如果在打开开膣器后，发现母羊阴道内黏液过多或有排尿表现，应让母羊先排尿或设法使母羊阴道内的黏液排净，然后将开膣器再插入阴道，细心寻找子宫颈。子宫颈附近黏膜颜色较深，当阴道打开后，向颜色较深的方向寻找子宫颈口可以顺利找到，找到子宫颈后，将输精器前端插入子宫颈口内 0.5～1.0 cm 深处，用拇指轻压活塞，注入原精液 0.05～0.10 mL 或稀释精液和冷冻精液需注入 0.1～0.2 mL。如果遇到初配母羊，阴道狭窄，开膣器插不进或打不开，无法寻见子宫颈时，只好进行阴道输精，但每次输入精液量是原来的 2～4 倍。

在输精过程中，如果发现母羊阴道有炎症，而又要使用同一输精器精液进行连续输精时，在对有炎症的母羊输完精之后，用 75%酒精棉球擦拭输精器进行消毒，以防母羊相互传染疾病。但使用酒精棉球擦拭输精器时，要特别注意棉球上的酒精不宜太多，而且只能从后部向尖端方向擦拭，不能倒擦。酒精棉球擦拭后，用 0.9%生理盐水棉球重新再擦拭一遍，才能对下一只母羊进行输精。

输精时精液沉积的位置对受胎率有明显的影响。Graham 等采用法国输精器，将精液输入子宫颈中部时，其受胎率和产羔率分别为 59.6%和 89.4%；当精液输入子宫颈外口时，受胎率和产羔率为 31.3%和 43.1%。Platov（1983）指出，精子在雌性生殖道里的生活力、受精力取决于其达到受精部位的能力。如果将精子渗入能力记分为 0（无能力）～1（最高能力），新鲜精液、低温保存和冷冻保存精液分别为 0.8～1.0 分、0.5～0.8、0.4分。据 Loginova 等（1968）观察，绵羊精子在输卵管内的存活时间，鲜精为 9～10 h，冻精为 5.5 h。因此，为了提高羊冷冻精液受胎率和产羔率，在输精时应注重输精部位和输精次数。

② 腹腔内窥镜子宫角输精：输精时采用羊用手术保定架，由 2 人操作，其中术者 1人，助手 1 人。将羊固定在保定架上，剪去腹中线到乳房前的羊毛，手术处洗净消毒处理后，在乳房前 8～10 cm 处进行局部麻醉或不麻醉。在术部用套管针刺穿并充入适量 CO_2，

使内脏前移，并使腹壁与内脏分离，通过刺入套管针，将腹腔内窥镜伸入腹腔，打开光源后观察子宫角及排卵点情况，在对侧相同部位，用手术刀片切一约 1.5 cm 小口，借助腹腔内窥镜把卵巢上有黄体发育一侧的子宫角用牵引钳拉出，在子宫角远端 1/3 处输入解冻后的精液，而后将子宫角放回原位，创口缝合一针，臀部肌注青霉素 100 万单位以消炎。腹腔内窥镜子宫角输精量比阴道内子宫颈口人工授精时可以减少。

四、胚胎的回收

输卵管膨大部受精的卵子边移动边开始分裂，牛、羊受精卵 1 d 后形成 2 细胞，2 d 后形成 4 细胞，3～4 d 后分裂为 8～16 细胞，并移入输卵管细部。经过输卵管细部的受精卵大约在 5 d 后进入子宫角前端。卵子受精、分裂和在生殖道内的移动情况参照模式图 5-5。

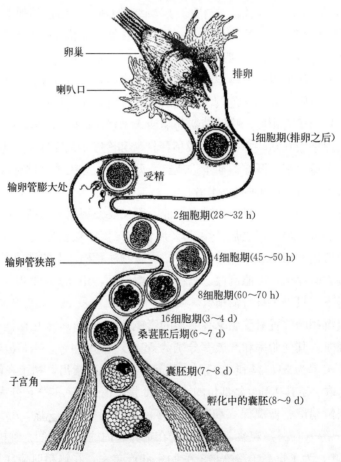

图 5-5　哺乳动物卵子受精、分裂和在生殖道内移动模式图
（日本家畜改良研究会，1986）

胚胎回收可采用手术法、非手术法两种方式。羊、兔等家畜采用手术法，牛、马、驴等家畜采用非手术法。

1. 牛胚胎的回收

牛的胚胎回收采用非手术法。以发情日为 0 d，回收时间在 6～7.5 d。

（1）超排供体牛的保定和麻醉：供体牛冲胚前 24～48 h 禁食，可供给适量饮水。冲胚前将供体牛牵入保定架固定，清洗体后部污垢，并使前部略高于后部（20 cm）以便灌流液回收。保定后清除直肠粪便，剪掉尾根部被毛，用酒精棉球消毒后从第 1～2 尾椎硬膜外注入 2% 普鲁卡因 5～7 mL（图 5-6）。在冲胚前去除子宫颈内的黏液。

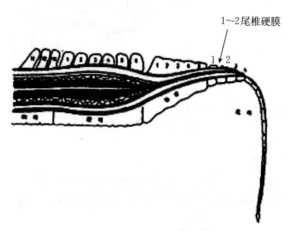

图 5-6 超排供体牛的保定和麻醉

（2）胚胎回收：常用冲卵管为 2 路式（法国或日本产），其结构如图 5-7 所示。2 路式冲卵管的冲卵液进入和回流是同一管道。冲卵管一般长度为 45 cm，分 16 号、18 号、20 号、22 号几种型号，初产牛使用 16 号，经产牛和奶牛一般使用 18 号以上型号。

牛子宫颈形态多种多样，因此在插入冲卵管时最好先用子宫颈扩张棒进行适度疏通。用事先准备好的冲卵液大约 20 mL 注入冲卵管内，测试不锈钢内芯的抽进情况，然后用夹子固定。操作人员左手伸入直肠内把握冲卵管，右手慢慢地把冲卵管从阴道插入，经过子宫颈，推进至子宫角分叉部前 5 cm 左右。冲卵管插到预定位置时，操作助手用 30～50 mL 的注射器从空气口注入适量空气，固定冲卵管。空气的注入量初产牛为 11～16 mL，经产牛为 18～25 mL。上述操作完成后操作者用伸入直肠的手把握子宫角，助手抽出不锈钢内芯，然后连上 Y 形三通管，再分别连接冲卵液注入管、回收管。连接注入管时要避免进入空气，以免影响胚胎回收效果。图 5-8 为牛冲胚的装配模式图。

把 38 ℃保温的冲卵液（PBS+0.3BSA+抗生素）和注入口连接并悬挂于支架上（高于外阴部 1 m 左右）。冲卵液的使用量根据子宫大小、技术熟练程度进行增减，一次冲卵一般需 500～1 000 mL 冲卵液。在冲卵过程中，用伸入直肠的手适当地抬起输卵管—子宫接合部位，以便冲卵液充分回流。冲卵结束后放出固定气球的空气并抽出冲卵管。将抽出的冲卵管抬高回收内部残留的冲卵液。一侧子宫冲卵结束后以同样方法操作另一侧子宫。在整个冲卵过程中必须注意保持外阴部的清洁和冲卵液保温。冲卵结束后给供体牛子宫内注射抗生素，以防引起子宫炎症。肌肉注射 10 mg PGF$_{2\alpha}$，消除黄体。回收的冲卵液在保

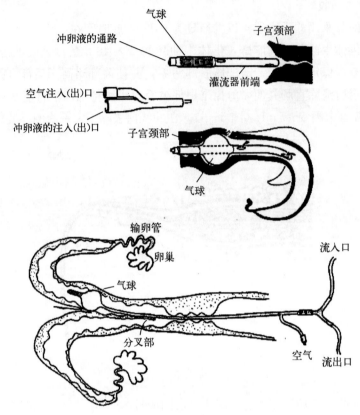

图 5-7　牛用冲卵管示意图

（日本家畜改良研究会，1986）

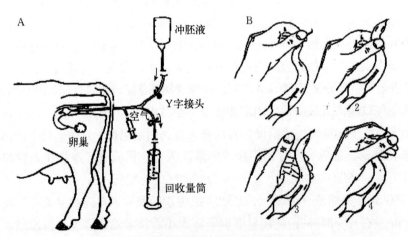

图 5-8　牛冲胚器具的装配模式和子宫把握图示

A. 冲卵　B. 冲卵时子宫把握

（日本家畜改良研究会，1986）

温条件下放回实验室内静置 20 min，然后除去上清部分，把留下的 100 mL 左右的沉降液移入数个塑料培养皿内，在体视显微镜下回收胚胎（包括未受精卵）。另外一种方法是使用受精卵回收专用过滤器。其操作方法是把冲卵液分段注入过滤器内，最后保留 2～3 mL，用玻璃滴管轻度混合后移入检查器内在体视显微镜下回收胚胎。

2. 羊胚胎的回收

以发情日为 0 d，羊在 6～7.5 d 或 2～3 d 用手术法分别从子宫或输卵管回收胚胎。

（1）手术室的要求：要在专门的手术室内进行，手术室要求干净明亮，光线充足、无尘，地面用水泥或砖铺成。配备照明用电。室内温度保持在 20～25 ℃。手术室定期用 3%～5%来苏儿或石炭酸溶液喷洒消毒，手术前用紫外灯照射 1～2 h，在手术过程中不应随意开启门窗。

（2）器械、冲卵液等药品的准备：手术台应前低后高，前高 60 cm，后高 80 cm，宽 70 cm，长 120 cm。手术用的金属器械放在含 0.5%亚硫酸钠（作为防诱剂）的新洁尔灭液中浸泡 30 min 或在来苏儿中浸泡 1 h，使用前用灭菌生理盐水冲洗，以除去化学试剂的毒性、腐蚀性和气味。玻璃器皿、敷料和创巾等物品按规程要求进行消毒。经灭菌的冲卵液置于 37 ℃水浴加温，玻璃器皿置于培养箱内待用。麻醉药、消毒药和抗生素等药物，酒精棉、碘酒棉等物品备齐。

（3）供体羊准备：供体羊手术前应禁食 24～48 h，可供给适量饮水。

（4）供体羊的保定和麻醉：供体羊仰放在手术保定架上，固定四肢。肌肉注射 2%静松灵 0.5 mL 在第一、第二尾椎间做硬膜外鞘麻醉或速眠灵 0.6 mL 肌肉注射，局部可用 2%普鲁卡因 2～3 mL。

（5）手术部位及其消毒：手术部位一般选择乳房前腹中线或后肢股内侧鼠蹊部。用毛剪剪毛，用清水和消毒液清洗术部，然后涂以 2%～4%的碘酒，待干后再用 70%酒精棉球脱碘。将灭菌巾盖于手术部位。

（6）术者的准备：术者应将指甲剪短滑光，用指刷、肥皂清洗，再进行消毒。术者需穿清洁的手术服，戴工作帽和口罩。

（7）手术操作：

① 组织分离：切口常为直线形，作切口时要避开较大血管和神经，依皮肤、肌肉的组织层次分层切开，切口边缘与切面要整齐，切口方向与组织走向尽量一致，切开肌肉时采用钝性分离法。切口长为 5～8 cm，避开第一次手术瘢痕。

② 切开后，术者将食指及中指由切口伸入腹腔，在与骨盆腔交界的前后位置触摸子宫角，摸到后用二指夹持，引出子宫角、输卵管、卵巢。不可用力牵拉卵巢，不能直接用手摸卵巢，更不能触摸排卵点和充血的卵泡。观察卵巢表面排卵点和卵泡发育，详细记录。如果排卵点少于 3 个，可不冲卵。

③ 止血：手术中出血应及时止血。对常见的毛细管出血或渗血，用纱布敷料轻压出血处即可。小血管出血可用止血钳止血，较大血管出血除用止血钳夹住暂时止血外，必要时还要用缝合线结扎止血。

④ 缝合：缝合前创口必须彻底止血，用加抗生素的灭菌生理盐水冲洗，清除手术过程中形成的血凝块等。按组织层次分层缝合。采取间断缝合和连续缝合。

(8)采卵（胚）方法：根据胚胎所在位置，有输卵管法和子宫法。

① 输卵管法：用输卵管法在供体羊发情后 2～3 d 采集 2～8 细胞期的胚胎。冷冻保存时要继续培养到致密桑葚胚或囊胚。将冲卵管一端由输卵管伞部的喇叭口插入 2～3 m 深（用钝圆的夹子固定），另一端接集卵皿。用注射器吸取冲卵液 5～10 mL，在子宫角靠近输卵管的部位，将针头朝输卵管方向扎入，一人操作，一只手的手指在针头后方捏紧子宫角，另一只手推注射器。冲卵液由宫管结合部流入输卵管，经输卵管流至集卵皿。输卵管法的优点是卵的回收率高，冲卵液用量少，捡卵省时间。缺点是容易造成输卵管，特别是伞部的粘连。

② 子宫法：用子宫法在供体羊发情后 6～7 d 采集桑葚期到囊胚期的胚胎，术者将子宫引出创口，用套有胶管的肠钳夹在子宫角分叉处，注射器端吸入预热的冲卵液 20～30 mL（一侧用冲卵液 50～60 mL），用钝型冲卵针头从子宫角尖端插入，当确认针头在管腔内，进退通畅时，将胶管连接于注射器上，推注冲卵液。当子宫角膨胀时，将回收卵针头从肠钳钳夹基部的上方迅速扎入，冲卵液经胶管收集于烧杯内，然后用两手拇指和食指将子宫角捋一遍。另一侧子宫角用同样方法冲洗。进针时避免损伤血管。子宫法对输卵管损伤甚微，尤其不涉及伞部，但卵回收率较输卵管法低，用液较多，捡卵较费时间。

目前子宫法在器械使用上有改变，使用了冲卵管或人用导尿管和人输液滞留针，操作方法是用手术法取出子宫，在一侧子宫角中部大弯处用止血钳尖端穿孔，将冲卵管插入，将导管气球固定在子宫角分叉处，使冲卵管尖端靠近子宫角前端，用注射器注入气体 3～5 mL。在宫管接合部插入套管针，抽出针芯，由此向宫腔注入 30～60 mL 冲胚液，冲胚液由导管排出。最后用手轻轻挤压子宫角。冲完后气球放气，冲卵管插入另一侧，用同样方法冲卵。

(9)术后处理：供体羊术后护理 2～3 d，每天 2 次，在伤口周围涂碘酒和肌注抗生素。

五、捡　　卵

1. 捡卵前的准备

将 10% 或 20% 的牛血清 PBS 保存液用 0.22 μm 滤器过滤到培养皿内备用。捡卵操作室温度应为 20～30 ℃。待捡的卵应保存在 37 ℃ 条件下，捡卵时将捡卵杯倾斜，轻轻倒掉上层液，留杯底约 10 mL 冲卵液，直接或倒入表面皿镜检。牛可能冲出一些黏液或血液，要反复冲洗，同时要冲洗滤膜。

2. 捡卵方法及要求

用玻棒清除卵外围的黏液、杂质。将卵吸至第一个培养皿内，吸前吸管先吸入少许 PBS 再收入卵，把卵在培养皿的不同内位冲洗 3～5 次。依次在第二个培养皿内重复冲洗，然后把全部卵移至另一个培养皿。每换一个培养皿时应换新的玻璃吸管，一只供体的卵放在一个皿内。

六、胚胎的鉴定和分级

1. 胚胎的鉴定

(1)凡卵子的卵黄未形成分裂球及细胞团的，均列为未受精卵。

（2）胚胎的发育阶段：发情受精后 2～3 d 用输卵管法回收的卵，发育阶段为 2～8 细胞期，可清楚地观察到卵裂球，卵黄腔间空隙较大。6～7 d 回收的正常受精卵发育情况如下：

① 桑葚胚（M）：发情后第 5～6 天回收的卵，只能观察到球状的细胞团，分不清分裂球，细胞团占据卵黄腔的大部分。

② 致密桑葚胚（CM）：发情后第 6～7 天回收的卵，细胞团变小，占卵黄腔 60%～70%。

③ 早期囊胚（EB）：发情后第 7～8 天回收的卵，细胞团的一部分出现发亮的胚胞腔。细胞团占卵黄腔 70%～80%，难以分清内细胞团和滋养层。

④ 囊胚（BL）：发情后第 7～8 天回收的卵，内细胞团和滋养层界线清晰，胚胞腔明显，细胞充满卵黄腔。

⑤ 扩大囊胚（EXB）：发情后第 8～9 天回收的卵，囊腔明显扩大，体积增大到原来的 1.2～1.5 倍，与透明带之间无空隙，透明带变薄，相当于正常厚度的 1/3。

非正常发育卵，不能用于移植或冷冻保存。

2. 胚胎的分级

分为 A、B、C、D 四个等级。

（1）A 级：胚胎形态完整，轮廓清晰，呈球形，分裂球大小均匀，结构紧凑，色调和透明度适中，无附着的细胞和液泡。

（2）B 级：轮廓清晰，色调及细胞密度良好，可见到少量附着的细胞和液泡，变性细胞占 10%～30%。

（3）C 级：轮廓不清晰，色调发暗，结构较松散，游离的细胞或液泡较多，变性细胞达 30%～50%。

（4）D 级：16 细胞以下，或轮廓不清晰，结构松散，变性细胞达 50% 以上。

胚胎的等级划分还应考虑受精卵的发育程度。

七、胚胎的冷冻及解冻

1. 胚胎的冷冻及解冻方法

（1）甘油法：

① 将胚胎分三步放入甘油冷冻液中，即将胚胎在 3%、6% 和 10% 三种甘油浓度的冷冻液中分别平衡 5 min。最终在含 10% 甘油冷冻液中冷冻。

② 将胚胎按以下顺序装入冷冻细管：棉塞/甘油冷冻液/空气/含有胚胎的甘油冷冻液/空气/甘油冷冻液/塞子。

③ 将冷冻仪的冷冻室温度预冷至 6.5 ℃ 植冰温度，然后将装有胚胎的冷冻细管放进冷冻室，平衡 5～10 min，植冰，再平衡 5～10 min；从植冰温度以 0.3 ℃/min 降温速率将温度降到 35 ℃，平衡 5～10 min，然后将胚胎细管投入液氮。

④ 解冻：从液氮罐中取出胚胎细管，在室温下空气浴 10 s，然后投入 35～37 ℃ 水浴中，浸浴至胚胎冷冻细管彻底溶化。取出用无菌卫生纸彻底擦干胚胎细管，剪去封口端或

拔掉封口塞，用钢芯推动棉塞，将胚胎推入培养皿，然后将胚胎依次移入 6%、3%、0% 甘油的 0.1 mol/L 蔗糖 PBS 解冻液中，各停留 5 min，最后用保存液洗 3 次，即可进行镜检后使用。

（2）乙二醇法：

① 室温下预备保存液和乙二醇冷冻液，分别放入两个培养皿中。把胚胎从保存液中转移到乙二醇（EG）冷冻液中。

② 将胚胎按以下顺序装入冷冻细管：棉塞/冷冻液/空气/含有胚胎的乙二醇冷冻液/空气/冷冻液/空气/塞子。

③ 将冷冻仪的冷冻室温度预冷至 5.5 ℃植冰温度，然后将装有胚胎的冷冻细管放进冷冻室，平衡 5～10 min，植冰，再平衡 5～10 min；从植冰温度以 0.3 ℃/min 降温速率将温度降到 30 ℃，平衡 5～10 min，然后将胚胎细管投入液氮。

④ 解冻：从冷冻罐中取出冷冻管，在室温下空气浴 10 s，然后投入 35～37 ℃水浴中，浸浴至细管内胚胎冷冻液彻底溶化。用无菌卫生纸彻底擦干胚胎细管，剪去封口端或拔掉封口塞，用钢芯推动棉塞，将胚胎推入培养皿，用保存液洗 3 次，即可进行镜检后使用。

（3）玻璃化法：

① 溶液配制（试剂建议用 Sigma 公司）：

a. 预处理液：10%EG（乙二醇）＝EG 1 mL＋DPBS 9 mL。

b. FS 液：取 300 g/L 聚蔗糖（Ficoll70）添加 0.5 mol/L 蔗糖，3.0 g/L BSA，经 DPBS（Gibco 生产）溶解后制备而成。

c. EFS 35（玻璃化溶液）：EG 35%＋FS 液 65%。

d. 0.5 mol/L 蔗糖液：蔗糖（Sucrose）8.557 5 g，全部溶解后的体积等于 50 mL（蔗糖分子量 342.3）。

② 冷冻及解冻：

a. 细管二步法：首先在 10%EG 或 10%EG＋10%DMSO 预处理液中平衡 5 min，然后将胚胎移入事先装好玻璃化溶液的 0.25 mL 塑料细管内，快速完成装管和封口，在 25 s 内投入液氮冷冻保存。

胚胎按以下顺序装入冷冻细管：棉塞/0.5 mol/L 蔗糖液/空气/玻璃化溶液/空气/含有胚胎的玻璃化溶液/空气/玻璃化溶液/空气/0.5 mol/L 蔗糖液/塞子。

解冻：在 25 ℃室温下，将细管从液氮中取出，空气中 10 s，迅速移入 25 ℃水浴中平行晃动 10 s，待细管内蔗糖部分由乳白变为透明时，取出细管，拭去细管表面水分，剪掉封口端，用直径小于细管内径的金属杆推动棉栓，将细管内容物推入含有 0.5 mol/L 蔗糖液的表面皿中，在体视显微镜下回收胚胎，然后将胚胎移入新鲜的 0.5 mol/L 蔗糖液滴中平衡 5 min，以脱出细胞内部抗冻保护剂，最后用 PBS 液洗净胚胎，移入保存液中待移植。

b. OPS 法：室温下，胚胎操作于 37 ℃恒温台上进行。首先用与口吸管相连的 OPS 将胚胎移入 10%EG＋10%DMSO 或 10%EG 中平衡 30 s，然后移入 EDFS30 玻璃化溶液中平衡 25 s 后投入液氮中保存。

解冻：在 25 ℃室温下，将冷冻的 OPS 管由液氮中取出后直接浸入含有 0.5 mol/L 蔗糖液的表面皿中解冻，然后将回收的胚胎移入新鲜的 0.5 mol/L 蔗糖液中平衡 5 min，以脱出抗冻保护剂，最后用 PBS 洗净胚胎，移入保存液中待移植。

2. 冷冻胚胎的标记和包装及记录

将制作单位、制作日期、品种、父母号、胚胎发育阶段、级别、数量等文字标记在细管上，再装入有盖指形管，指形管标记制作日期、品种、个体号信息，最后装入纱布袋，纱布袋标记制作日期、品种信息。记录表见表 5 - 13。

表 5 - 13　制作胚胎记录表

品种：_____　　　制作地点：_____　　　日期：_____

供体号	母畜：						公畜：			
超排情况	黄体数：		退化黄体：		卵泡数：			其他：		

鲜胚获卵数质量评定		可用胚胎数							不可用胚胎数		未受精
	总数	等级	EM	M	CM	EB	BL	EXB	总数	2~8 细胞	退化	
		A										
		B										
		C										
合计												

胚胎冷冻保存情况

细管号	数量	阶段	级别	小筒号	提篮号	储存罐号	备注

冷冻情况	方法：		冷冻仪型号：	
冲胚				
捡胚情况	捡胚			
	冷冻			

记录人：　　　　　　　　　　　　全国畜牧总站畜禽遗传资源保存利用中心制

3. 冷冻胚胎的保存

冷冻胚胎进行计数和分类，贮存于液氮罐中，并记录存放位置。

第三节　体　细　胞

动物组织细胞培养学的发展和体细胞的超低温冷冻保存研究可以弥补活体保存、精液和胚胎冷冻保存技术的不足，为构建濒危地方遗传资源体细胞库，大规模地保存濒危地方遗传资源提供了技术平台和保障。动物体细胞含有该物种所有的遗传物质，建立细胞库后，当该物种由于某些因素在地球上消失时，其遗传物质是不会消失的，就可以从细胞库中提取该物种的体细胞，通过细胞培养或核移植技术，再建已灭绝的动物。随着细胞生物学和分子发育生物学高度发展，无论从收集、提供实验材料，或是从收集、保存和应用动物遗传资源角度看，动物体细胞冷冻技术都将有重大意义和辉煌前景。国内体细胞克隆技术指标已经达到国内领先、世界一流水平，已具备在全国范围进行示范与推广的条件。《畜禽细胞与胚胎冷冻保种技术规范》（NY/T 1900—2010）规定体细胞冷冻保存指标——公畜不少于 10 头（只），母畜不少于 25 头（只），每个个体体外培养第 3～4 代细胞 6 管，细胞密度为 $1\times10^5\sim5\times10^5$ 个/mL，台盼蓝染色检查细胞存活力 80% 以上。

一、主要仪器、耗材及溶液配制

1. 采样需要准备物品

采样记录本、Marker 笔、碘棉、干棉球、酒精棉球、灭菌超纯水、无菌手套、口罩、手术帽、防护服、雨鞋、手术刀柄、手术刀片、止血钳、手术剪、灭菌盒、打火机、封口膜、冰盒、含 5% 双抗的 DMEM 组织保存液。

2. 培养所需主要仪器和耗材

超净工作台、电热鼓风干燥箱、数控超声波洗涤器、窗式新风净化机、电热恒温水浴锅、显微镜控温仪、数字温湿度仪、磁力搅拌器、CO_2 培养箱、倒置显微镜、超纯水仪、高速离心机、高压灭菌锅、空气净化器、荧光显微镜、恒温加热台、生物显微镜、体视显微镜、生化培养箱、血细胞计数板、电子天平、酸度计、移液器、细胞培养瓶、4 孔培养板、6 孔培养板、35 mm 培养皿、60 mm 培养皿、100 mm 培养皿（NUNC）、25 - T 细胞培养瓶、1.5 mL 细胞冻存管、15 mL 离心管、Eppendorf 管（1.5 mL、1.0 mL、0.5 mL）、0.22 μm 滤器（CORNING）、枪头、一次性橡胶手套、口罩、帽子、一次性灭菌注射器、巴氏管、血盖片。

3. 溶液配制

（1）20%FBS 细胞培养液：HyClone™ 或 Gibco 成品高糖 DMEM＋20%FBS＋1%～5% 双抗。

（2）0.1% 胶原蛋白酶消化液：用 79%DMEM＋20%FBS＋1% 双抗（PS）进行溶解，过滤除菌后使用。

（3）双抗（青霉素、链霉素）：BI 或 Gibco 成品。

（4）冻存液：DMEM∶FBS∶DMSO＝7∶2∶1。10 mL 液＝7 mL DMEM＋2 mL FBS＋1 mL DMSO。

二、组织的获取

1. 方法 1

选取家畜耳部血管较少的耳边缘组织，用火焰进行消毒处理后，用酒精棉球充分擦拭 3～4 次去掉表面的污渍等污染物，再用灭菌超纯水充分冲洗组织表面去除表面残留的污渍及酒精，用手术刀片或剪刀取下大小约 1 cm² 的耳组织，立即放入含 5％双抗的 DMEM 组织保存液中，尽快在低温下送回实验室。

2. 方法 2

选取家畜耳部血管较少的耳边缘或耳缺号边缘组织，用耳号钳剪下小拇指大小（1.0 cm²），送出养殖区，放入 75％酒精中，用旋涡振荡器振荡 2 min，用生理盐水或无菌纯水冲去酒精，放入含 500 单位/mL 双抗的 DMEM 培养液中，尽快在低温下送回实验室。在实验室中再次放入 75％酒精中，用旋涡振荡器振荡 1 min，用无菌纯水冲去酒精，HBSS 清洗后刮去表面毛发和表皮，剪小后再进行组织块培养。

三、原代培养

1. 0.1％胶原蛋白酶消化法

在超净工作台上用含 5％双抗的 PBS 液滴清洗 6 次，再用无菌的手术刀片刮去耳组织表面的毛及污染物，用含 5％双抗的 PBS 液滴清洗 6 次，再用不含双抗的 PBS 液滴清洗 6 次，加适量的 0.1％胶原蛋白酶进行充分剪碎至均匀的匀浆，将剪碎的组织匀浆转移至已加 1～2 mL 0.1％胶原蛋白酶的培养皿中，放入二氧化碳培养箱中消化 2～3 h 后（中途需晃动使组织充分接触消化），加入 8 mL 含 20％FBS 的 DMEM 终止消化，并反复吹打数次至组织块充分散开为单细胞，室温 1 500 r/min 5 min 离心 3 次，弃去上清液，收集细胞沉淀，加入 2 mL 含 10％FBS 的完全细胞培养液进行重悬，按约 2×10⁴ 个/mL 密度接种于适当大小的培养皿中，放入培养箱进行培养，12 h 观察培养液颜色（尽量隔着玻璃门观察），颜色变浑浊为污染应尽快丢弃，待细胞全部贴壁生长后进行换液，去除残留的细胞杂质及死细胞，之后在颜色变黄后进行换液，每 3～4 d 换液一次。

2. 组织块贴壁法

（1）方法 1：把消毒处理好的耳组织放入 2 mL 离心管中，加入少许 DMEM＋20％FBS＋3％双抗剪碎，将组织块移入培养瓶，用细菌接种环将组织块尽量均匀贴附在瓶壁上，扭紧瓶盖（扭盖时在酒精灯上烧一下），放入培养箱，倒置培养瓶 16～24 h，待组织块贴壁后，沿培养瓶另一侧将新鲜 DMEM 培养液（含 20％FBS＋3％双抗）缓慢加入 5 mL，缓慢正置培养瓶，使培养液慢慢浸没组织块，置于 37 ℃、5％CO₂、饱和湿度的二氧化碳培养箱中进行培养。12 h 观察培养液颜色（尽量隔着玻璃门观察），颜色变浑浊为污染应尽快丢弃，颜色变黄后进行换液，每3～4 d换液一次，换液时从培养箱中取培养瓶时扭紧盖，平稳地平移到操作台后直立，取盖，沿培养瓶贴附细胞的另一侧倒出原液，再沿培养瓶贴附细胞的另一侧加入5 mL新液。

（2）方法2：把消毒处理好的耳组织用剪刀剪小，剪得大小一致，不要把组织剪得过细，剪好后加一滴DMEM培养液（不要太多），移入培养瓶，均匀拨开（可以用细菌接种环），翻转培养瓶，加5 mL含100单位/mL双抗和15％～20％FBS的DMEM培养液放入培养箱，7～8 h后再转回，使组织浸泡在培养液中，3～4 d换液，换液的时候，从瓶底掉下来的组织不要吸掉，留着，传代的时候再处理掉。

四、传代培养

当细胞生长至70％汇合时，吸弃原有的细胞培养液，加入PBS液洗涤2遍，然后再加入1 mL（加入的量以覆盖整个细胞培养面为宜）室温放置的0.25％的胰蛋白酶消化液，轻轻摇动使之均匀分散。放入37 ℃的培养箱中并观察细胞的形态，当60％～70％细胞出现变圆开始脱落于瓶底时（约1 min），立即加入含2％FBS的DMEM终止消化，轻轻拍打瓶底，使细胞充分脱离瓶底，立即用电动移液枪反复吹打数次至细胞全部脱落，收集细胞沉淀，再根据沉淀的细胞量进行倍比稀释计数，按照$3×10^4$个/mL的密度进行传代培养。根据细胞的生长状态或密度适时换液，一般长至60％～70％汇合时继续进行传代或冻存。

五、细胞的冷冻保存

当细胞汇合至60％～70％、处于对数生长期时，吸弃原有的细胞上清液，加入PBS清洗2次后，加入1 mL 0.25％的胰蛋白酶进行消化，显微镜下观察60％的细胞开始变圆开始脱落时，立即加入含2％FBS的DMEM终止消化，轻轻拍打皿底，并用移液枪吹打皿底数次后使细胞尽可能地脱落，并收集细胞上清液，1 200 r/min 5 min离心收集细胞沉淀。加入4 ℃预冷的细胞冻存液，并调整细胞密度至$5×10^5$～$10×10^5$个/mL，轻轻吹打制成细胞悬液，按0.5 mL/管的细胞悬液分装于无菌的细胞冻存管中，严密封口。注明家畜物种、细胞名称、家畜性别、细胞代数、冻存编号、冻存日期等信息。放入－80 ℃冷冻，过夜后移入液氮进行长期保存。

六、质量检测

1. 主要仪器和器材

生物显微镜或电视显微录像系统、荧光显微镜、无菌操作台、离心机、血细胞计数板、血盖片（规格22 mm×26 mm、厚度0.5 mm）、1.5 mL小试管、15 mL离心管、试管架、5 mL移液器、1 mL移液器、10 μL移液器、移液器枪头、吸水纸、1 mL吸管或1 mL注射器、计数器、吸水纸、镊子。

2. 溶液配制

（1）DMEM细胞培养液：HyClone™分装的液体成品（高糖），或Gibco分装的液体。

（2）1％ 台盼蓝（trypan blue）溶液：将 1 g Hoechst 33258 溶于 100 mL PBS，置于棕色瓶中，室温下以磁力搅拌器搅拌 30 min 至完全溶解后，以 1 mL 分装到 1.5 mL 小管中，避光贮存于－20 ℃。

（3）Hoechst 33258 原液：将 5 mg Hoechst 33258 溶于 100 mL PBS，置于棕色瓶中，室温下以磁力搅拌器搅拌 30 min 至完全溶解后，以 1 mL 分装到 1.5 mL 小管中，避光贮存于－20 ℃。

（4）Hoechst 33258 工作液：将 1 mL Hoechst 33258 原液加到 9 mL PBS，室温下搅拌 30 min，使工作浓度为 5 μg/mL，避光贮存于 4 ℃。

（5）固定液：甲醇：冰乙酸＝3：1。现用现配。

3. 细胞复苏

（1）从液氮中取出冻存管（检查盖子是否旋紧，由于热胀冷缩过程，此时盖子易松掉），快速投入 37 ℃水浴中，并在水浴中不断快速摇动冻存管以迅速解冻，直到冷冻液彻底融化。

（2）取出冷冻管，用 75％酒精擦拭冻存管外部，移入无菌操作台内。

（3）取出 20 μL 于 1.5 mL 离心管中，用于测定密度和细胞活率。

（4）以新鲜培养液稀释 10 倍，并将溶解液转移至离心管中，在 1 000 r/min 下离心 5 min，去除 DMSO 以缓解冷冻液毒性。

（5）用新鲜的培养液悬浮细胞沉淀，将细胞稀释至所需浓度，继续培养或检测。

4. 剂量和细胞计数

（1）用 1 mL 注射器或 1 mL 吸管测量剂量。

（2）将血细胞计数板及血盖片擦拭干净，并将血盖片盖在计数板上；将细胞悬液吸出少许，滴加在血盖片边缘，使悬液充满血盖片和计数板之间；静置 3 min；镜下观察，计算计数板上 5 个中方格的细胞总数（4 角和正中），压线细胞只计左侧和上方的。按下式计算细胞数：

细胞数（个/mL）＝5 个中方格中的细胞数×5（即得计数室 25 个中方格的总精子数）×10（即得 1 mm³ 内的细胞数）×1 000。

5. 细胞活率测定

（1）取 10 μL 细胞悬浮液与 10 μL 1％台盼蓝等体积混合均匀于 1.5 mL 离心管中，染色 2～3 min。

（2）吸取少许悬液置于血细胞计数板上，加上血盖片。

（3）镜下取 3 个以上任意视野，分别计死细胞和活细胞数，合并计算细胞活率。

6. 支原体检测

（1）方法 1——Quick Cell 支原体快速检测试剂盒（细胞培养专用）：

① 待测样品的准备：为了准确判断细胞是否有支原体的污染，对于贴壁细胞法，待测的细胞培养液样品最好来源于至少培养 3 d 且汇合度在 60％～90％的细胞培养上清，无须离心。悬浮培养的细胞也需要在换液传代后，至少让细胞生长 3 d 再取培养液进行检

测，也无须离心。哺乳动物细胞的存在不会影响检测结果。

注：收集的待测细胞培养液样品如果不立即检测，应放于－20 ℃或－80 ℃冰箱保存，不得放于室温或4 ℃冰箱。样品在－20 ℃至少可以保存一个月，在－80 ℃可以长期保存。此外，为了节约检测成本，可以将不同时间收集的样品放于－20 ℃或－80 ℃冰箱保存，而后一起检测。

② 反应体系的配制：

a. 将溶液Ⅰ、溶液Ⅲ从－20 ℃冰箱中取出，待其融化后（可在37 ℃水浴内放置5～10 min以帮助融化），从－20 ℃冰箱中取出溶液Ⅱ置于冰上。吹吸均匀后，按表5-14比例，混合溶液Ⅰ、溶液Ⅱ、溶液Ⅲ。如有多个样品，为了防止移液误差，建议溶液Ⅰ、溶液Ⅱ、溶液Ⅲ用量乘以系数1.08，保证每个反应管中的反应液足量。从配液开始的所有步骤，均在冰上操作。

表5-14 恒温反应体系的配制

组 分	理论单个样品用量（μL）	样品总数（个）	总体积（μL）
溶液Ⅰ	23	N	$23×N×1.08$
溶液Ⅱ	1	N	$1×N×1.08$
溶液Ⅲ	0.18	N	$0.18×N×1.08$

举例：如果待测样品为3个（加上1个阴性和1个阳性对照），则样品总数为5个。溶液Ⅰ的总体积为$23×5×1.08=124.2$ μL，溶液Ⅱ的总体积为$1×5×1.08=5.4$ μL，溶液Ⅲ的总体积为$0.18×5×1.08=0.972$ μL，将溶液Ⅰ、溶液Ⅱ、溶液Ⅲ混合均匀。

注：溶液Ⅱ必须一直在－20 ℃冰箱中保存，并在操作时置于冰上。溶液Ⅱ即使在－20 ℃条件下仍为液态，无须置于室温。

b. 将上述配制好的反应体系，吹打均匀后，按每管24 μL分装到0.2 mL的PCR管中。尽量保证每管的反应液体积一样。PCR管应该使用透明度良好的薄壁PCR管。

c. 往测试管中加入1 μL待测细胞培养液；往阳性对照管中加入1 μL阳性支原体DNA；往阴性对照管中加入1 μL灭菌水；反应液的总体积为25 μL。

需注意：装有阳性支原体DNA的螺口管开盖之前，用力甩一下，或者用迷你离心机稍离心。

进行反应体系配制的房间，与进行样品前处理、加阳性对照DNA、样品DNA的房间最好分开。

③ 反应：

PCR仪设置程序：61 ℃，60 min；10 ℃，永远；热盖温度，100 ℃。

注意：若实验室反应场所没有PCR仪，可用水浴锅代替，水浴锅显示温度与实际温度的温差不超过0.5 ℃，另须往每个反应管内加入25 μL矿物油，以防止水分挥发，然后盖上盖子，将反应管插入带孔的漂板内，放入已经升温到61 ℃的水浴内，准确反应60 min。

④ 结果判断：61 ℃反应 60 min 后，立刻取出反应管，放于室温。以一张白纸或白色泡沫盒为背景，通过观察反应管溶液颜色的变化，即可判断检测结果。如果溶液为蓝绿色，则说明有支原体污染；如果为紫红色，则说明没有支原体污染。

注意：在 61 ℃反应的时间必须准确计时，最多不得超过 5 min，以免出现假阳性。必须在反应后 2 h 内进行结果判断，避免室温下扩增反应进行，影响结果判别。

⑤ 注意事项：

a. 必须确保使用的移液枪本身没有残留的支原体，尽量用新购移液枪。最好使用带滤芯的吸头吸取溶液和阳性支原体等。如果没有带滤芯的吸头，至少应该使用新开封的吸头。整个操作过程，佩戴口罩，不要开口说话。由于试剂盒非常灵敏，移液枪如吸附有或者人为带入支原体均有可能造成假阳性。

b. 检测过程中，用过的各类吸头、离心管务必小心处理，应装入含有半瓶水的可密封的垃圾瓶内。反应后的 PCR 管，不要开盖，用过后将其用自封袋密闭，扔到远离细胞房的独立垃圾桶内。

c. 如果细胞被支原体污染，可以选购该公司或其他供应商提供的去除试剂尽早去除。

（2）方法 2：

① 将待检细胞接种到放入 35 mm 培养皿中的盖玻片上，用无抗生素的培养液培养，待细胞汇合前取出盖玻片（3～5 d），用冷风吹干（也可以取出长着细胞的盖玻片，将其置于培养皿中，用 DPBS 漂洗，再冷风吹干）。阴性对照皿加 DMEM 细胞培养液 2 mL。

② 用固定液浸泡盖玻片，固定细胞 10 min。

③ 将 Hoechst 33258 工作液（5 μg/mL）数滴加到固定好的盖玻片上，在室温下染色 30 min。

④ 用 DPBS 浸洗染色后的盖玻片 3 次，每次 3～5 min。

⑤ 将一滴含有 1% 甘油的 DPBS 加到染色后的细胞表面，将盖玻片有细胞的一面朝下覆盖在载玻片上。

⑥ 以 100×～400× 荧光显微镜观察，打开光源 20 min 后，以 330～380 nm 紫色荧光激发，观察细胞核外是否有蓝色荧光小点或丝状点的荧光物产生。

第六章　现代生物技术在畜禽保种中的应用

现代生物技术主要包括基因工程、细胞工程、酶工程、发酵工程等。现代生物技术已经成为畜牧业发展的强大动力，畜牧业的跨越式发展必须借助和依赖于现代生物技术，生物技术的应用为畜禽遗传资源保存利用、优良品种培育、饲料资源开发、疾病检测等方面提供了广阔的前景。本章将现代生物技术在畜禽保种中的应用归纳总结。

第一节　基因组遗传信息保存

基因组遗传信息保存包括畜禽冷冻血样、组织和 DNA 片段信息等冷冻保存。这种保种实施所需的时间短，能最大数量地保存遗传信息，遗传漂变较小，保存时间长，且成本低，但建立恢复完全生命群体的可能性较小。随着生物技术的发展，具有潜在的重要价值。

随着分子遗传技术的进步，一些高效率的 DNA 分子遗传标记将各种畜禽的遗传图谱研究推向实用化，通过基因定位将一些独特性能的基因定位于某一染色体特定区段，并测定基因在染色体上线性排列的顺序和相互间的距离。特别是 20 世纪 90 年代以来，人类基因组计划的实施大大地推进了对高等生物的基因组作图工作，也为同步开展畜禽遗传图谱和物理图谱的构建提供了条件，并可以将两者综合起来构建综合图谱，目前已有很多利用各种分子遗传标记构建了家禽、猪、马、牛、羊等畜禽的连锁图谱的报道。更重要的是，通过与畜禽生产性能密切相关的一些数量性状基因定位也取得了很大的进展，一些影响数量性状较大的 QTL 得到定位。

构建了基因物理图谱后，可以将一些具有特色的基因克隆出来，为基因转移奠定基础，在同一物种个体间和不同物种间都能够进行基因转移。利用基因克隆技术可以组建畜禽基因组文库，使一些独特的遗传资源得到长期的保存，在将来需要时可通过转基因技术在畜禽群体中重现。目前最易操作的方法是大片段 DNA 文库。大片断 DNA 文库主要包括细菌人工染色体克隆体系（BAC）和酵母人工染色体克隆体系（YAC）。BAC 可构建和转化的外源 DNA 片段为几万到几十万碱基对。YAC 可插入的外源 DNA 片段可达 200～1 000 kb 甚至更多，并能稳定复制。现在 BAC 和 YAC 已成为构建复杂基因组的有力手段。另外，只有弄清楚家畜某些特定基因的功能，才可以建立相应的 DNA 文库，利用大肠杆菌等微生物作为载体来保存生物的特定基因，基因保种才能有的放矢，才能使得优良基因不丢失。

比较基因组研究是利用近缘物种间同源的分子标记在相关物种间进行遗传作图和物理

作图，比较这些标记在不同物种基因组的分布情况，揭示染色体片段上同线性和共线性的存在，从而对不同物种的基因结构及进化历程进行精细分析。通过比较作图，可以从分子水平上明确不同基因组间的系统进化关系，明确不同物种之间的亲缘关系。比较基因组在研究遗传多样性方面具有独到的优势。

生物信息学主要是利用计算机相关技术，将生物科学相关研究成果中有关生物信息序列和结构等信息进行分析、存储和检索的科学。在生物遗传领域中，生物信息学主要协助研究了核酸和蛋白质两大生物大分子结构序列的差异性所带来的不同遗传信息对动物遗传的控制形式。从生命的本质来讲，就是将遗传信息通过基因传递给下一代，并在自然选择中保留最优质的、最适应生存的遗传基因。生物信息学是研究基因信息控制遗传性状的具体方式，深入探索剖析基因序列的排列顺序对生物性状表达的影响，并根据研究结果改良基因的科学。因此，通过生物信息学对基因有效控制，将地方畜禽品种中优质高效基因等信息保存下来，将来可以实现对物种的优良基因引导培育，同时可以有效提升动物育种的速度。一是建立我国地方畜禽优良品种基因组数据库。通过生物信息学的相关研究成果，有效地对不同物种之间的进化距离以及功能基因同源性进行探寻掌握，将不同物种之间的同源性基因加以比较分析，探寻并保存经济型动物的基因信息，对相关动物的基因组中明显特征性基因片段进行检测，确定其功能意义，为人类探索基因奥秘奠定强大的理论基础。在已经构建的生物数据中鉴定主效基因和功能基因的同源基因，通过序列对比以及同源性分析构建基因组数据库，今后使用标记辅助育种的手段进行基因育种，可以有效地提高育种的效率和育种的速度。二是构建我国地方畜禽遗传资源数据库体系。当前地球环境的日益恶化严重影响了地球上物种的延续，有些物种处于了濒危状态，为了保存现有畜禽物种，确保其可持续发展，保存遗传信息和功能基因信息等数据，下一步可以有效利用生物学信息的方法进行种畜禽基因组检测，探寻最优质的基因，同时发掘新的功能基因，实现基因库资源的"应存尽存"。

第二节　卵母细胞体外成熟培养、冷冻与体外受精

卵母细胞的冷冻保存具有很大的应用前景和潜在的使用价值，可以为转基因、体细胞克隆等提供大量的成熟卵母细胞，对于建立种质资源库和加强国际间的资源交流具有十分重要的意义。这项技术的研究与应用可以获得大量的同步化发育的早期胚胎，因此在濒危动物的保护方面也具有重要的应用价值，即使在动物死亡之后也可获得后代，为在濒危畜禽的保护方面的应用奠定了基础。主要对采集方法，激素配比，性周期阶段，卵丘细胞，添加谷氨酰胺、EGF、IGF、半胱氨酸等对卵母细胞体外成熟与体外授精的影响，不同胚胎培养液对胚胎发育的影响进行了探讨。探讨了细胞松弛素 B（CB）预处理对绵羊卵母细胞冷冻解冻后存活率和发育能力的影响。在玻璃化冷冻中，解冻后卵母细胞的形态正常率（87.1%，85.9%）和体外培养成熟率（16.1%，14.1%），处理组与对照组在卵母细胞形态正常率以及 FDA 染色结果方面没有差异显著性，但都提高了卵母细胞的成熟率，

其中 $9.0~\mu g/mL$ 组卵母细胞的成熟率显著高于对照组。

羔羊超排卵母细胞体外成熟和体外受精：通过对 $5\sim8$ 周龄的幼龄羔羊采用 $4\times40~mg$ 的 FSH 进行超数排卵，回收卵母细胞，进行体外成熟培养和体外受精，研究卵母细胞的成熟率和体外受精胚胎的发育情况。经过超排后每只羊可以获得 $60\sim70$ 枚卵母细胞，普通的基础母羊 12 个月后才能排卵，每只每次可排 8 枚左右卵细胞。同样条件下卵母细胞体外成熟率分别是 56.6% 和 78.5%，体外受精后卵裂率分别为 36.5% 和 68.5%，囊胚率分别是 28.6% 和 42.8%。

早期卵母细胞的保存：腔前卵泡卵母细胞的冷冻可以作为一种重新获得受精力的试验方法，这项技术已经保存了许多卵母细胞。腔前卵泡中原始卵泡具有的特征：占有整个卵巢的卵泡的 90%，具有较低的代谢活动、较小的直径，小的卵母细胞周围的颗粒细胞数量少，缺少透明带也缺少外围的皮层颗粒。在动物上，腔前卵泡可以提供卵母细胞的来源，可以用于增加宝贵畜禽的雌性遗传资源的繁殖，这项技术可以增加家畜生产，避免性传播的疾病，增加贸易的数量，减少世代间隔。这项技术也可以用于野生动物的研究和保存，这对于遗传资源多样性的保存，减少遗传上的问题，增加育种的效率很重要。另外，冷冻腔前卵泡可以为体外受精技术、胚胎移植和克隆提供许多可以利用的卵母细胞。腔前卵泡采用两种方法冷冻：一是冷冻包围在卵巢组织周围的卵泡，二是冷冻来自隔离卵巢皮层的腔前卵泡。有关卵巢组织冷冻的报道比较多，隔离卵泡的冷冻报道比较少。

卵巢组织的冷冻：可以冷冻卵巢小片段也可以冷冻整个卵巢，通常人的卵巢和一些较大的动物冷冻小片段，因为他们有浓密的多纤维基质，一般将卵巢切成 $0.2~cm^3$ 大小的块，用冷冻液能将其覆盖住。小鼠卵巢上有较多的小孔，可以冷冻整个卵巢，冷冻剂也容易浸透组织。有经过冷冻、解冻、异体移植和同体移植冷冻卵巢组织之后的卵泡生长在兔子、大象、袋熊等物种上的报道。

第三节　体细胞冷冻保存与克隆

体细胞冷冻保存与克隆技术的发展，为采用非生殖细胞的保种工作开拓了广阔的前景。通过构建细胞系来保存遗传资源，是一种具有重要价值的保种方法，通过对现有濒危品种进行细胞保种，从长远来看应该是保种工作的努力方向，也非常适合现阶段我国国情。这种保种方式的优点是占用空间较小，便于资源集中管理；保种费用较低；便于对资源开展深入研究。绵、山羊体细胞系的建立为使一些珍贵、濒临灭绝的绵、山羊重要遗传资源在体细胞水平上保存下来，也为体细胞克隆等研究提供理想的生物材料。2006 年全国畜牧总站畜禽种质资源保存中心以羊耳缘组织为材料，采用组织块贴壁培养法和细胞冷冻技术，成功建立了承德无角黑山羊、小尾寒羊、同羊、乌珠穆沁羊、贵德裘皮羊、滩羊、波尔山羊等绵、山羊 350 只个体，2 000 份样品的成纤维细胞系。对培养细胞进行的形态学、生长动力学观察、细胞活力测定、核型分析和微生物检测结果显示细胞群体倍增时间约为 36 h，冻存前细胞活力为 96.2%，解冻后细胞活力为 93.6%，24 h 后的贴壁率为85%。在传代8次之后，细胞染色体中二倍体（$2n=54$）占主体，占82%～90%，细菌、真菌、病毒、支原体检测为阴性。该体细胞系完全可以满足保种工作的需要，为保种工作提供了又一有力的补充手段。

第四节　胚胎干细胞保种

胚胎干细胞（embryonic stem cells，ES cells）是具有多能性，且在体外可无限制扩增的一种细胞。早期的ES细胞大部分是从囊胚的内细胞团（inner cell mass，ICM）分离获得的，后来，又从原始生殖细胞（primordial germ cells，PGCs）中得到具有与ES细胞相似特性的细胞群，称之为胚胎生殖细胞。ES细胞在理论上能够分化为构成组织或器官的任何一种体细胞。给予ES细胞适宜的条件，其即可向某一特定的方向分化，并形成特定细胞分化类型，这样，ES细胞即可用于体组织或器官的再造研究。2003年著名杂志《科学》上报道小鼠胚胎干细胞（ES）能在体外发育为卵母细胞，科学界为之震惊。2004年，两个独立的研究小组几乎同时发现在体外ES同样也能发育成为精子。研究者将获得的不成熟精子注入卵母细胞中，有20%的受精卵能发育至囊胚期。日本的Toshiaki Noce研究小组采用类似于Daley的技术亦获得从ES发育成的精子细胞，其将这些细胞移植到成年小鼠的睾丸内，发现这些细胞最后发育为成熟的精子。英国谢菲尔德大学（University of Sheffield）生物学教授哈里穆尔说："我们已经可以（将从人类胚胎中分离出来的干细胞）培养出原生殖细胞。原生殖细胞可以继续生长成精子或卵子细胞。"2006年英国科学家纽卡斯尔大学卡里姆·纳耶尼亚教授成功地用干细胞培育出精子，并成功受孕生产出小鼠。

第七章 畜禽遗传资源多样性评价及
社会与经济评价体系

第一节 畜禽遗传资源多样性评价方法

遗传标记是指可以明确反映遗传多态性的生物特征，即遗传标记是指一些等位基因或遗传物质，其表型易于识别且遵循孟德尔遗传方式遗传。遗传标记最早可以见于 20 世纪 50 年代的微生物遗传研究领域。遗传标记的发展经历了形态和生理标记，到细胞学、免疫学标记和生化标记，再到后来的 DNA 标记。纵观遗传学发展的历史，每一种新型遗传标记的发现都大大推进了遗传学的发展。

畜禽能够明显显示遗传多态性的外观性状，如毛色、角形、耳形、冠型等可以作为品种特征的标志。有些形态标记由于与某些经济性状相关联，在育种学上还具有特殊的经济意义，如利用鸡的矮小基因成功地培育了矮小型蛋鸡。1919 年，摩尔根以果蝇作为试验材料，发现了连锁遗传规律。之后，他又将孟德尔的"遗传因子"的行为与染色体行为结合起来进行研究。同时通过对不同物种染色体形态、数目和结构的研究，发现了染色体变异以及各种异形染色体等都有其特定细胞学特征，可以作为一种遗传标记来测定基因所在的染色体及其相对位置。免疫学标记（immunological marker）是以动物的免疫特性为基础的遗传标记，主要包括红细胞抗原（erythrocyte antigen）、白细胞抗原（leucocyte antigen，LA）和淋巴细胞抗原（lymphocyte antigen）等。白细胞表面抗原类型又称为主要组织相容性复合体（major histocompatability complex，MHC），它是由一系列紧密连锁、具有高度多态的基因座位所组成的一个遗传区域。由于 MHC 在动物机体的免疫系统中发挥着极其重要的作用，并与畜禽疾病的抗性和易感性之间有着非常密切的关系，从而成为疾病抗性和易感性的重要候选标记基因。20 世纪 50 年代，许多科学家发现同一种蛋白质（或酶）可具有多种不同的形式。同时，凝胶电泳技术的发展和组织化学染色法的应用显示蛋白质多态性的带型可以肉眼辨别，从而以生化遗传学为基础建立了生化遗传标记（biochemical genetic marker）。

DNA 标记（DNA marker）是在 20 世纪 70 年代以后随着分子生物学技术的发展而逐渐发展起来的，相对于传统的遗传标记而言，它是一种新的以 DNA 多态性为基础的遗传标记，具有许多优点：①由于直接反映 DNA 分子水平上的变异，因而能对各发育时期的个体、各个组织、器官甚至细胞做检测，既不受环境的影响，也不受基因表达与否的限制，为研究工作提供了极大的便利；②DNA 标记的等位位点变异水平比表型标记丰富得多，即多态性很高，以致无须专门创造特殊的遗传材料；③其数量极大，几乎是无限的，遍及整个基因组；④DNA 标记对生物体通常没有不良影响，也不影响生物性状的表现，即表现为"中性"；⑤多数 DNA 标记表现为共显性，能分辨所有的基因型。DNA 标记的这些特性，奠定了它具有广泛应用性的基础。

一、分子标记检测技术在畜禽群体遗传多样性评价中的应用

对于一个特定保种群，最大限度地保护群体多样性是当前畜禽保种的一个重要目标。如何度量和评价畜禽保种群体的遗传多样性是畜禽保种工作中的关键问题之一。本节重点以微卫星 DNA 标记、线粒体 DNA 标记、Y 染色体标记为例，介绍在畜禽群体遗传多样性评价中的应用。

(一) 微卫星 DNA 标记

Lawson 等（2007）首次采用 23 个微卫星位点分析了欧洲 29 个地方绵羊品种的遗传多样性，其分析结果表明欧洲南部绵羊群体的杂合度要高于北部的品种，这与随着距中东驯化中心越远的区域其群体多样性越少的结论是一致的。其结果也表明通过遗传漂变扩大遗传差异的重要措施之一就是对群体的隔离。Peter 等（2006）采用 31 个微卫星位点研究欧洲和中东 15 个国家 57 个绵羊品种的多样性及进化关系，其研究结果说明群体平均杂合度范围为 $0.63 \sim 0.77$，欧洲东南的品种和中东的品种变异程度要高于欧洲西北和南部的品种；主成分和贝叶斯模型聚类分析结果表明，从整体而言，东南品种向西北品种有渐变的趋势。有学者采用 BayesAss+程序分析了西班牙北部 6 个绵羊品种 238 个个体 14 个微卫星位点变异情况，通过估计长期和最近迁移率鉴别了不同绵羊品种相对遗传贡献的模式，通过微卫星数据分析说明尽管有些品种表型相似，但是它们的来源却截然不同，此外也介绍了估计长期基因流和迁移模式的方法（Álvarez et al.，2004）。Tapio 等（2005）对欧洲 20 个地方品种和 12 个引入品种的 25 个微卫星位点进行调查，在 942 份样品中检测到 363 个等位基因，每个位点等位基因从 8 到 24，每个品种特有等位基因数量的平均数为 2.0，群体遗传多样性范围为 $4.25 \sim 11.29$，品种分化系数 G_{ST} 占到 $8\% \sim 19\%$，对于等位基因丰富度，其相应的比例（ρ_{ST}）为 $18\% \sim 45\%$。揭示了欧洲北部绵羊群体有效含量有减少的趋势，许多古老品种对于整个分子变异起到正向作用，维持等位基因变异对于品种保护具有积极的意义。通过分析印度不同地区分布的 3 个品种 11 个特异微卫星位点变异情况，也表明其群体的遗传多样性比较丰富（Mukesh et al.，2006）。赵倩君等（2007）通过分析等位基因数、有效等位基因数、基因多样性和多态信息含量等群体遗传变异指标，表明 16 个中国绵羊品种（群体）遗传变异丰富度比较高，总体上略高于欧洲、澳洲和印度等国外绵羊群体（Mukesh et al.，2006）。王静等（2009）利用美国 ABI 牛亲子鉴定试剂盒和 3 个自选的 Y 染色体微卫星座位，检测我国部分种公站肉用种公牛 14 个微卫星座位的多态性分布，评估其遗传多样性。其结果表明，种公牛在 14 个微卫星座位中遗传多样性均较高，其中 MCM158 座位的平均多态信息含量最高达到 0.888，ETH10 座位最低。张毅等（2008）采用 30 个微卫星对我国家养水牛群体进行遗传多样性分析，其结果表明，26 个标记具有多态性，其中 4 个标记（CSSM045、ILSTS008、RM099 和

HMH1R）为单态，所筛选出的多重 PCR 组合为家养水牛的群体遗传多样性检测等研究提供了技术基础。包文斌等（2007）采用 29 个微卫星 DNA 标记对来自中国的红原鸡亚种和来自泰国的红原鸡亚种进行遗传多样性分析，其研究结果表明，共检测到 168 个等位基因，所有位点平均期望杂合度和 PIC 值分别为 0.578 0 和 0.53。姚绍宽等（2006）利用 FAO 和 ISAG 推荐的 27 个微卫星，对从江香猪、五指山猪和滇南小耳猪等我国 7 个小型猪种及杜洛克、长白和大白等 3 个外来猪种群体遗传变异性和群间遗传差异进行分析。结果表明，7 个小型猪品种（类群）均有较高的群内遗传变异，但是久仰、剑白、从江和环江 4 个香猪类群的群内遗传变异较低，其聚类结果也符合以上 7 个猪种的地理分布和品种来源。刘双等（2006）利用微卫星技术对东北白鹅、籽鹅、皖西白鹅、豁眼鹅、莱茵鹅、朗德鹅 6 个品种进行遗传多样性分析，结果表明，7 个微卫星在 6 个鹅群体中均表现为高度多态性，可作为有效的遗传标记分析各鹅群体的遗传多样性和系统发生关系。屠云洁等（2005）选取 30 个多态较好的微卫星标记检测了四川省峨眉黑鸡、泸宁鸡、旧院鸡等 8 个地方鸡群体的遗传多样性，30 个微卫星位点中有 24 个微卫星位点在 8 个鸡群体中多态信息含量均为高度多态，可作为有效的遗传标记用于其他鸡品种的遗传多样性和系统发生关系的分析。其中由于交通闭塞，因此形成了 8 个家禽品种分中心。杜志强等（2004）采用 20 个微卫星标记对藏鸡独特群体进行了分析，表明藏鸡群体的 20 个微卫星基因座位的多态等位基因数 4～10 个，平均值为每基因座 7.25 个，多态信息含量和杂合度平均值分别为 0.67 和 0.74，也说明藏鸡的微卫星基因座多态性丰富，形成了生产性能不均、外貌表现不同的群体遗传特性。高玉时等（2004）采用 20 个微卫星标记对我国家禽品种遗传资源库中保存的 11 个地方鸡品种保种群进行遗传检测，其研究结果表明，20 个微卫星标记在 11 个地方鸡品种保种群中共检测到 176 个等位基因，平均为 8.8 个，基因频率分别在 0.013～0.838 之间。通过利用 20 个微卫星基因座检测不同时代群体中等位基因及其频率、群体基因平均杂合度和多态信息含量，建立地方鸡品种保种群微卫星标记档案，并分析世代间的差异，预期可以达到监测保种效果的目的。

（二）线粒体 DNA 标记

绵羊是较早被驯化的家养动物之一，据报道 12 000 年前在东南亚被驯化（Zeder et al.，2006）。其单倍型 B 绵羊品种的线粒体长度是 16 616 nt（Hiendleder et al.，1998）。通过 mtDNA 数据分析，已经发现不同现存的绵羊序列的两个不同单倍型 A 和 B，欧洲盘山（*Ovis musimon*）属于单倍型群体 B，但是这个品种属于欧洲早期家养动物（Hiendleder et al.，2002），同时也报道了绵羊由摩弗仑（野）绵羊群体进化而来。也有报道进一步分析了不同绵羊群体不同单倍型的地理分布情况（Meadows et al.，2007），在亚洲群体中分布有单倍型 A 群体和单倍型 B 群体，而在欧洲群体中以单倍型 B 为优势单倍型（Bruford et al.，2003；Meadows et al.，2005；Ferencakovic et al.，2012）。而早期澳大利亚从印度引入绵羊品种，导致新西兰绵羊群中单倍型 A 频率比较高（Hiendleder et al.，2002）。Pedrosa（2005）等分析了土耳其绵羊品种 mtDNA D - loop 区域和 *Cyt b* 基因的变异情况，揭示了土耳其绵羊品种存在 3 个母系起源，其单倍型 C 群体分化时间早于单倍型 A 和单倍型 B 群体，从而为绵羊品种的多起源理论提供了依据。在葡萄牙、土耳其、高加索山脉和中国绵羊群体中已经发现单倍型 C，但是单倍型 C 频率比较低（Tapio et al.，2006b），而在欧洲北部绵羊群体中未检测到单倍型 C，揭示欧洲不是唯一的绵羊驯化地。单倍型 D 在罗马尼亚和高加索绵羊中被检测到，这种单倍型很可能与单倍型 A 有关。仅在两种土耳其绵羊中发现支系 E，此单倍型介于支系 A 和 C 之间，至于支系 C 和支系 D 是母系起源还是基因渗入形成，还需进行深入研究（Tapio et al.，2006）。据报道，Niemi 等分析了铁器时代、中世纪、后世纪的 36 个古绵羊品种 26 个个体样品 523 bp mtDNA 区域序列，同时结合 GenBank 数据库中 10 个欧洲品种 94 个个体序列信息分析表明：从 36 个古绵羊品种中鉴定了 18 个mtDNA古单倍型，其中有 14 个单倍型在现代品种中被检测到，原始单倍型主要以单倍型 A 和单倍型 B 为主，在铁器时代样品种中仅检测到 2 种单倍型，而在中世纪、后世纪绵羊品种的多样性较铁器时代较丰富（Niemi et al.，2013）。有报道也研究了铜器时期绵羊系统发育的位置，其研究表明 ötzi's 绵羊群体也属于单倍型 B，同时说明单倍型 B 的绵羊群体在5 000年前就已经出现在阿尔卑斯山。

李祥龙等（2006）利用 15 种限制性内切酶研究了蒙古羊、乌珠穆沁羊、湖羊和小尾寒羊 mtDNA 的 RFLP，结果检测到 16 种限制性多态型，可归纳为 2 种基因单倍型。赵兴波等（2001）利用 PCR－SSCP mtDNA 5′端终止序列分析的方法研究了来自不同品种 202 个绵羊个体，其研究结果表明绵羊品种在起源上存在两种主要进化途径。Guo（2005）对中国地方绵羊品种的线粒体 DNA 的序列分析发现中国绵羊存在一种新的单倍型，即单倍型 C。Chen 等（2006）分析了中国 19 个地方绵羊品种 449 个个体 mtDNA 控制区的 531 bp 片段，并结合中国地方绵羊品种的 44 个序列，其系统发育结果表明在中国地方绵羊品种中发现了以前报道的支系 A、支系 B 和支系 C，并且检测中国地方绵羊品种的遗传多样性比较丰富。

张桂香等（2009）测定 16 个地方黄牛品种 206 个个体线粒体 D－loop 区的全序列，共检测到 101 个变异位点，99 种单倍型，其中 73 种是普通牛单倍型，26 种是瘤牛单倍型；平均核苷酸差异为 22.692 0，单倍型多样度为 0.932 0，核苷酸多样度为 0.022 7，表明该研究的 16 个黄牛品种遗传多样性非常丰富。卢长吉等（2008）对我国 13 个家驴品种 367 条序列 mtDNA－loop 区 399 bp 进行分析，共检测到 96 种单倍型 57 个多态位点，其单倍型多样度为 0.767～0.967，核苷酸多样度为 0.014～0.032，表明我国家驴的遗传多态性丰富，同时也证明我国家驴的母系起源为非洲野驴中的索马里驴和努比亚驴，亚洲野驴不是中国家驴的母系祖先。芒来等（2005）对蒙古马 mtDNA 上 D－Loop 高变区序列进行了比较分析。马的 mtDNA 全长为 16 670 bp，在该研究中所扩增的 5 匹蒙古马的 D－Loop 高变区的长度除一匹马为 399 bp 外，其他均为 400 bp。研究表明蒙古马的不同类型间出现了显著的遗传分化；中国蒙古马在过去没有出现群体扩张或持续增长模式，群体大小保持稳定；中国蒙古马具有多个母系起源，与蒙古国蒙古马亲缘关系较近，乌珠穆沁马和乌审马亲缘关系最近，锡尼河马亲缘关系较近。刘若余等（2006）对贵州 4 个地方黄牛品种 82 个个体 mtDNA D-Loop 区全序列 910 bp 进行分析，共检测出 31 种单倍型，其核苷酸多态位点 65 个，核苷酸多样度为 2.16%～2.61%，单倍型多样度为 0.695～0.909，表明贵州黄牛线粒体遗传多样性比较丰富。Niu 等（2017）利用线粒体基因组测序技术分析藏羊群体遗传多样性和检测选择信号，结果表明，线粒体控制区域的 π 值最高为 0.052 15，tRNA 区域 π 值最低；经过选择信号分析后，发现一个位点（1 277 G）经过选择，但并不是藏羊群体特有的位点。Li 等（2016）利用完整的线粒体全基因组信息分析了 6 个高海拔藏猪群体和 4 个低海拔地方猪群体，其研究结果表明，藏猪群体核苷酸多样性要高于地方猪群体，藏猪群体中 12 sRNA 多态性低于地方猪群体中，可能与高海拔适应性性能有关。

（三）Y 染色体标记

相关研究表明，绵羊的 Y 染色体遗传多样性比较贫乏，发现 Y 染色体 SRY 的一个 SNP 位点在欧洲群体中比较高（Meadows et al.，2004）。目前，利用 Y 染色体标记研究绵羊多样性的分析比较少，Meadows（2006）利用 SRY 启动子区域的 oY1 突变揭示了等位基因 *A-oY1* 出现在所有野生大角羊（*Ovis canadensis*）、小角形羊（*Ovis dalli*）、欧洲盘羊（*Ovis musimon*）和巴巴里绵羊（*Ammontragis lervia*）中，并且等位基因 *A-oY1* 在来自非洲、亚洲、大洋洲、欧洲等区域 65 个绵羊地方品种的 458 个个体中频率比较高（71.4%）。通过对 SRYM18 微卫星位点分析表明：该位点可以从欧洲盘羊和家养绵羊中鉴别大角绵羊和小角绵羊。结合基因型数据鉴别的 11 个雄性特有的单倍型可以至少代表 2 个独立的支系，通过地理分布分析表明 H6 单倍型广泛存在于全球家养绵羊品种中，其他几种单倍型分布比较局限。有关报道表明，通过对家养和野生绵羊 Y 染色体特异区域进行重测序，SNP 和 SRYM18 微卫星标记结合分析鉴定了 6 个新的单倍型，同时也表明作为一个野生品种欧洲盘羊与家养绵羊共享一个单倍型，从而也为家养绵羊是从欧洲盘羊驯化而来提供有利的佐证（Meadows et al.，2009）。通过扩增铁器时代、中世纪、后世纪的 36 个古绵羊品种中公畜 Y 染色体 SRY 基因，检测到 *G-oY1* 的突变，此突变在北欧绵羊品种中频率较高（Niemi et al.，2013）。张晓明等（2010）以红河、西双版纳和普洱滇东南水牛 3 个地方群体共 31 头公牛为研究对象，选取 14 个家牛 Y 染色体特异性微卫星标记进行研究，其中仅有 5 个标记（INRA124、INRA189、BM861、PBR1F1 和 UMN2001）具有多样性，适用于水牛的 Y 染色体遗传多样性研究。以上 5 个多态性 Y 染色体特异微卫星标记在滇东南水牛群体中平均等位基因数为 2.800 0，平均期望杂合度为 0.399 8，基因多样性为 0.414 4，多态信息含量为 0.324 5，Shannon 信息熵为 0.584 9，研究结果表明，滇东南水牛群体的 Y 染色体具有中等遗传多样性。

二、高通量测序技术及其应用

随着 21 世纪人类全基因计划（HGP）的顺利完成，目前各种人类全基因组分析的方法和技术被广泛应用于畜禽全基因组分析中（Andersson，2009；Goddardand Hayes，2009；Rothschild et al.，2010）。采用 SNP 基因芯片基因组关联分析已经揭示了多种与人类疾病相关的遗传机制及相关致病基因。应用了高覆盖率和高密度人类和畜禽 SNP 基因芯片，能捕捉到不同人群基因组中影响人类疾病的 LD 信息，对于畜禽而言，可以更好地应用于畜禽品种以下方面：①群体进化、品种驯化、品种形成历史以及开发群体遗传相关新的理论；②剖析影响畜禽重要复杂功能性状的遗传机制；③改进影响畜禽性能重要性状的世代选择方法。更好地应用 SNP 基因芯片将会对畜禽遗传育种的理论和实践产生深远的影响。

1977 年，Sanger 首次建立了 DNA 双脱氧测序技术，完成了第一个完整基因组图谱的绘制（Sanger et al.，1978）。时至今日，由于 DNA 测序技术的改进（Schuster et al.，2008），测序的规模也从以往每天只能测定几千个碱基序列发展到了如今的一次进行成千上万个序列精确测定的水平，同时该技术的发展也使得对一个物种的基因组和转录组进行全面的分析成为可能（Shendure et al.，2008）。基因方面的研究逐步进入了基因组和后基因组时代（Pan et al.，2008）。这种以一次并行对几十万到几百万条 DNA 分子的序列测定和一般读长较短等为标志的技术称为高通量测序技术（high‐throughput sequencing，HTS），其中主要包括以 Illumina/Solexa、Roche/454、ABI/SOLID 为代表的第 2 代测序技术，以单分子测序为代表的第 3 代测序技术及 Ion Torrent 测序技术（Metzker，2010）。HTS 有诸多优点，该技术的诞生使得更多的科学家意识到测序技术在生命科学中的应用前景，并已将其广泛应用于动植物基因组学、转录组学及表观组学等方面的研究（Holt et al.，2008）。但是对于哺乳类动物，由于其基因组的复杂性，测序仍是一个很大的挑战（Morozova et al.，2008）。目前，Illumina/Solexa 测序技术在基因组从头测序、重测序、转录组测序及表观遗传学等方面应用范围较广（Edwards et al.，2010）。Illumina/Solexa 测序在动物领域有相关研究报道（表 7‐1）。在基因组学研究中的具体应用如下。

表 7‐1　开发的畜禽 Illumina's 基因芯片

物种	芯片名称	SNP 数量（个）	绘制的 SNP 数量（个）	SNPs 平均距离（kb）	检测群体平均最小等位基因频率（MAF）	发布状态
鸡	多个芯片，包括 60 K SNP array	—	—	—	—	免费
犬	犬 SNP20	22 362	22 000（CanFam2.0）	125	0.27	商业
	犬 HD	170 000	170 000（CanFam2.0）	14.3	0.23	商业
牛	牛 SNP50	54 001	52 255（Btau4.0）	51.5	0.25	商业
	牛 HD	>500 000	—	—	—	商业
	牛 3 K	3 000	3 000（Btau4.0）	—	—	商业
马	马 SNP50	54 602	54 602（EquCab2.0）	43.2	0.21	商业

（续）

物种	芯片名称	SNP 数量（个）	绘制的 SNP 数量（个）	SNPs 平均距离（kb）	检测群体平均最小等位基因频率（MAF）	发布状态
猪	猪 SNP60	64 232	55 446 (Sscrofa9)	40.7	0.27	商业
绵羊	绵羊 SNP50	54 241	—	46	～0.3	商业

（一）全基因组从头测序

全基因组从头测序（denovo sequencing）是指不需要已知的参考基因序列，就可以对某个物种的全基因组序列进行测序，利用生物信息学分析方法对序列进行拼接、组装，从而获得该物种的全基因组图谱。因此，获得一个物种的全基因组序列是加快对此物种了解的重要捷径。随着新一代测序技术的不断完善，全基因组测序的成本和时间较传统技术都有大幅度的下降，因此，基因组学研究也迎来新的发展契机和革命性突破。目前，在许多的科研工作中，常结合 Illumina/Solexa 技术的高通量和 Roche/454 技术或传统 Sanger 的较长读长的优势来共同完成从头测序工作，利用这种多测序平台就可以大大降低测序成本，提高测序速度，保证测序结果准确性（闫绍鹏等，2012）。Dalloul 等（2010）利用 Roche/454 和 Illumina/Solexa 技术完成了火鸡基因组的从头测序，其中，Roche/454 技术进行 5 倍测序深度，Illumina/Solexa 技术进行 20 倍测序深度。火鸡基因组的测序为进一步了解脊椎动物基因组的进化和家禽重要经济性状相关的遗传变异提供了重要的资源。

（二）全基因组重测序

全基因组重测序是对基因组序列已知的不同个体进行基因组测序，并在此基础上对个体或群体进行差异性分析的方法（Bentley，2006）。随着基因组测序成本的不断降低，人类疾病的致病突变研究由外显子区域扩大到全基因组范围。因而，通过构建不同长度的插入片段文库和短序列、双末端测序相结合的方法进行高通量测序（Goffeau et al.，1997；International Human Genome Sequencing Consortium，2000），并且在全基因组水平上检测疾病关联时发现大量单核苷酸多态性位点（SNP）、插入/缺失（INDELs）、结构变异位点（SV）及拷贝数变异（CNV）。同时还发掘重要基因组区段和等位基因，实现未来育种目标，为全基因组分子育种设计提供依据，通过对核心种质资源进行重测序，揭示它们之间的进化关系，进行单体型预测、全基因组关联分析（GWAS）。全基因组重测序的产生，使得越来越多的物种基因组信息得到公布（Li et al.，2009）。Rubin 等（2010）利用 SOLID 技术完成了家禽的全基因组重测序。其中，开发了 700 万个 SNPs 和将近 1 300 个缺失，并且其多态性区域包含甲状腺受体基因及参与生长、代谢、食欲等相关基因区段。Zhan 等（2011）结合基因分型和全基因组重测序对牛的基因变异进行全面评估，结果产生 41G 数据量，基因组覆盖度达 98.3%。

畜禽全基因组测序主要采用全基因组鸟枪法（the whole genome shotgun，WGS）和 BAC‐BAC 测序技术等，或者是以上两种技术的有机结合（Green，2001）。目前，对于农业领域贡献大的畜禽如家禽、猪、牛、羊、犬、马等畜种已经获得全基因测序信息（表 7‐2）。

表7-2 重要畜禽全基因组信息统计表

物种(拉丁文)	测序动物	测序策略	基因组长度(Gb)	编码基因(个)	测序组织	公布时间	网址	参考文献
家鸡(Gallus gallus)	近交系红原鸡(♀)	全基因组鸟枪法/BAC和其他克隆(6.6×)	1.05(WASHUC2)	16 450	华盛顿大学基因组测序中心	2004	http://genome.wustl.edu/genomes/view/gallus_gallus/ http://www.ensembl.org/Gallus_gallus/Info/Index/	国际家禽基因组组织
犬(Canis familiaris)	狮子犬(♂)	全基因组鸟枪法(1.5×)	2.3~2.47	18 473~24 567	基因组研究所/高级基因组中心	2003	http://www.ncbi.nlm.nih.gov/nuccore/36796739? report=genbank/	Kirkness et al., 2003
犬(Canis familiaris)	拳师犬	全基因组鸟枪法/BAC和其他克隆(7.5×)	2.38(CanFam2.0)	15 900	Broad研究所/基因组研究MIT中心	2005	http://www.broadinstitute.org/mammals/dog http://www.ensembl.org/Canis_familiaris/Info/Index/	Lindblad-Toh et al., 2005
牛(Bos taurus)	海福特牛	全基因组鸟枪法/BAC和其他克隆(7.1×)	2.91(Btau4.0)	20 684	Baylor HGSC	2009	http://genomes.arc.georgetown.edu/drupal/bovine/ http://www.hgsc.bcm.tmc.edu/projectspecies-m-Bovine.hgsc?pageLocation=Bovine/ http://www.ensembl.org/Bos_taurus/Info/Index/	牛基因组测序分析中心
马(Equus caballus)	纯血马(♀)	全基因组鸟枪法/BAC和其他克隆(6.8×)	2.47(EquCab 2)	17 254	Broad研究所/基因组研究MIT中心	2009	http://www.broadinstitute.org/mammals/horse http://www.ensembl.org/Equus_caballus/Info/Index/	Wade et al., 2009
猪(Sus scrofa)	二花脸、杜洛克、大约克、长白、汉普夏5个品种血样	全基因组鸟枪法(0.66×)	2.1	—	中丹猪基因组测序项目	2005	http://www.piggenome.dk/	Wernersson et al., 2005

（续）

物种（拉丁文）	测序动物	测序策略	基因组长度（Gb）	编码基因（个）	测序组织	公布时间	网址	参考文献
猪（Sus scrofa）	杜洛克母猪	Minimal tile-path-BAC by BAC（6×）	2.26（Sscrofa9）	12 678	Sanger 研究所惠康基金会	2009	http://www.piggenome.org/ http://www.sanger.ac.uk/Projects/S_scrofa/ http://www.ensembl.org/Sus_scrofa/Info/Index/	
绵羊（Ovis aries）	罗姆尼羊、特赛尔绵羊、苏格兰黑面羊、美利奴羊、无角陶赛特羊和阿瓦西西羊6个品种血样	全基因组鸟枪法（3×）	2.78（OARI.0）	—	农业研究所/Broad 研究所/澳大利亚联邦科学与工业研究组织/奥塔哥大学	2008	http://www.sheephapmap.org/ http://www.livestockgenomics.csiro.au/sheep/ https://isgcdata.agresearch.co.nz/	
猫（Felis catus）	阿比西尼亚猫（♀）	全基因组鸟枪法（1.87×）	1.64（CAT）	13 271	Agencourt 生物科学公司/Broad 研究所	2006	http://www.ensembl.org/Felis_catus/Info/Index/	Pontius et al., 2007
兔（Oryctolagus cuniculus）	新西兰托尔贝克大白兔（♀）	全基因组鸟枪法（7×）	2.67（OryCun2）	14 346	Broad 研究所	2009	http://www.ensembl.org/Oryctolagus_cuniculus/Info/Index/ http://www.broadinstitute.org/science/projects/mammals-models/rabbit/rabbitgenome-sequencing-project/	
火鸡（Meleagris gallopavo）	火鸡（♀）	BAC/其他大克隆鸟枪法（—）	1.08（UMD2）	11 145	弗吉尼亚生物信息学研究所/美国农业部贝尔茨维尔			

由于近几年测序技术的迅猛发展，新的测序技术和策略应运而生，畜禽全基因组的测序的准确性、覆盖程度和 SNPs 密度会有大幅度的提高。已经测序完成的畜禽全基因组序列为进化比较基因组学和重要基因和基因间功能的研究提供了较全面的信息（International Chicken Genome Sequencing Consortium，2004；Lindblad‐Toh et al.，2005；Dalrymple et al.，2007；The Bovine Genome Sequencing and Analysis Consortium，2009；Wade et al.，2009；Groenen et al.，2010a）。畜禽全基因组序列和人类全基因组序列比对已经揭示了基因编码蛋白的高保守性和高同源性，但是基因组中非编码区域，特别是基因间重复序列区域可能是研究进化的热点区域。

单体型图谱的构建也揭示了畜禽品种内和品种间丰富的遗传变异，大量的遗传变异是通过大规模的 SNPs 分型、DNA 片段的插入和缺失例如拷贝数变异（copy number varia‐tion，CNV）发现的，一部分遗传变异也可能由畜禽品种表型多样性引起。畜禽全基因组测序工作相继完成也推进了畜禽单体型图计划的进程。我国地方畜禽品种分布面积广，且拥有地区性特有的种质特性，从而出现同一性状多种表型特性，畜禽单体型图的研究可以深入阐释基因组复杂的特征和解析影响畜禽复杂性状的遗传机制。单体型图研究可以分为以下几个方面：①为设计畜禽 SNP 基因芯片做前期准备工作，例如确定具体 SNP 位点信息；②阐明分化品种的遗传相关以及家养动物与野生驯化动物的遗传进化关系；③预测品种驯化和形成重要的历史过程，例如瓶颈效应和选择扫荡等；④鉴别与不同生态分布区域、动物疾病和其他数量性状相关的候选基因组区域。

目前，基于 DNA 芯片的 SNP 检测平台以及功能成为高通量、大规模、全基因组 SNP 检测分析的主流技术。其中典型的代表是 Affymetrix 公司（www. affymetrix. com）的 SNP 检测高密度 DNA 微阵列芯片和 Illumina 公司的 SNP 检测芯片（BeadArray，ht‐tp：//www. illumina. com），如 Beadlab 平台，是 Illumina 公司整合 GoldenGate 多通道位点特异性延伸扩增检测方案和 BeadArray 高密度微阵列技术。Illumina SNP 分型技术（包括 Infinium® 和 GoldenGate® 技术）是目前世界上在农业领域应用得较多的基因分型技术之一（表 7‐1）。以 Golden Gate 为例，一次可以同时检测 $10^2 \sim 10^6$ 个 SNP 位点，平均每天可以完成上千个样品的基因分型，其再现性大于 99.9%，孟德尔遗传错误率小于0.1%（Eduard et al.，2009；Matthew et al.，2010）。

三、高通量大规模 SNP 检测技术的应用

（一）基因组选择

农业领域主要应用高通量大规模 SNP 检测技术通过基因组选择预测畜禽主要经济性状的遗传进展，而对于人类而言，则是更关注与人类相关疾病的遗传机制及致病基因的筛选，以及以靶基因为基础的药物研制。基因组选择是标记辅助选择（marker assisted se‐lection，MAS）的一种新的形式（Meuwissen et al.，2001；Goddard and Hayes，2009；Calus，2010），MAS 应用于畜禽育种的策略早在 20 世纪 80 年代已经提出，由于缺少连锁 QTL 显著效应的遗传标记的缺乏在实践中应用较少，Meuwissen 在 2001 年首次提出

了基因组选择的概念，主要通过动物基因组的大量 SNP 信息预测育种值（genomic estimated breeding value，GEBV）。SNP 基因芯片相继开发成功有利于畜禽基因组育种值预测的广泛应用，而更准确地预测 SNP 效应成为难题。有些学者提出利用贝叶斯统计方法解决上述问题，目前有两种不同的贝叶斯方法可以通过高密度 SNP 信息预测基因组育种值，在贝叶斯模型中，每个 SNP 的效应假定是独立和随机分布的，SNP 效应的方差假定是连续的或者是位点特异的，然后使用先验分布的贝叶斯程序预测其效应的方差。对于模拟数据，贝叶斯方法比最小二乘法和传统的最佳线性无偏预测（best linear unbiased predicton，BLUP）方法更准确。最近几年，预测基因组选择方法主要有无参数贝叶斯模型和参数方法，参数方法例如基因组最佳线性无偏预测（genomic best linear prediction，GBLUP）和混合回归模型为基础的统计学方法被陆续提出（Gianola et al.，2006；Aulchenko et al.，2007；Verbyla et al.，2009；Calus，2010）。基于模拟数据的研究（Goddard，2009；Hayes et al.，2009b），得出以下影响基因组选择的准确性的主要因素：①SNPs 与影响性状 QTL 之间的连锁程度；②研究群体规模大小；③分析性状的遗传力或者遗传基础；④QTL 效应的分布。Meuwissen 等（2001）研究结果表明，当相邻 SNPs 相邻系数大于 0.2，假定在高密度 SNP，并均匀分布在基因组的前提下，其基因组选择预测的准确性可以达到 85%，但是对于低遗传力的性状需要群体的数量比较大（Goddard and Hayes，2009；Calus，2010）。另外，一些学者提出了其他方法，例如对于缺失基因型数据的估计和考虑显性和上位效应的，也有学者建议通过杂交群体预测的 SNP 效应更适合于纯种基因组选择（Ibáněz-Escriche et al.，2009；Toosi et al.，2010）。基因组选择已经应用于美国奶牛的遗传评估领域中（VanRaden et al.，2009），美国于 2009 年 1 月首次公开发布奶牛基因组选择的评定结果，并且采纳基因组信息作为官方种公牛评定发布的信息来源。利用高密度的 SNP 基因芯片可以发现品种间的共享单倍型，统计分析方法和计算程序的改进，结合表型和 SNP 基因型的信息，育种学家和大型育种公司有能力将基因组选择应用于畜禽遗传育种的实践中（VanRaden and Sullivan，2010）。在我国农业部的支持下，2012 年中国奶牛基因组选择技术已经通过技术鉴定，目前已经应用于 5 000 头规模的参考牛群中。

（二）全基因组关联分析

畜禽重要数量性状的生物机制、功能基因以及疾病的研究仍是研究热点领域，虽然采用候选基因的方法进行研究将会丢失很多信息，例如新基因和与之相关性状的信息通路。另外现在发现影响重要功能性状 QTL 的区域范围比较大，同一性状通过不同资源群体进行精细定位的结果也存在不一致的现象（Rothschild et al.，2007）。在高通量测序技术的飞速发展下，全基因组关联研究（whole-genome association studies）已经成为分析重要性状功能基因及疾病的主要方法之一。

虽然人类遗传学家已经成功鉴定了控制遗传疾病的一些主效基因，但是对于大部分复杂疾病而言，研究清楚其致病遗传机制还需要大量研究的验证。在动物中也有类似的情况，目前通过比较基因组等方法已经鉴别了影响畜禽一些重要性状的主效基因（表 7-3）。物种间造成不同表型差异的遗传背景还需要寻找大量的佐证。

表 7 - 3　不同畜种性状候选基因

物种	性状	基因	参考文献
牛	双肌臀	MST	Grobet et al.，1997，1998；Kambadur et al.，1997；McPherron et al.，1998
	毛的颜色	MC1R	Klungland et al.，1995
		KITLG	Seitz et al.，1999
	牛奶鱼腥味	FMO3	Lundén et al.，2003
鸡	白化病	TYR	Tobita‐Teramoto et al.，2000
	羽毛颜色	MC1R	Kerje et al.，2003
	白色羽	PMEL17	Kerje et al.，2003
犬	嗜眠发作	HCRTR2	Lin et al.，1999
	毛色	MC1R	Schmutz et al.，2003
山羊	无角	非编码区域	Pailhoux et al.，2001
马	毛色	MC1R	Marklund et al.，1996
		ASIP	Rieder et al.，2001
		MATP	Mariat et al.，2003
	白毛、巨结肠症	EDNRB	Santschi et al.，1998；Metallinos et al.，1998；Yang et al.，1998
猪	恶性高热	RYR1	Fujii et al.，1991
	白色、造血作用	KIT	Marklund et al.，1998；Johansson Moller et al.，1996；Giuffra et al.，2002
	高胆固醇血	LDLR	Hasler‐Rapacz et al.，1998
	毛色	MC1R	Kijas et al.，1998；2001
	肠大肠杆菌黏膜	FUT1	Meijerink et al.，2000
	骨骼肌中肝糖含量	PRKAG3	Milan et al.，2000
绵羊	繁殖力、排卵率	BMP15、BMPR1B	Galloway et al.，2000；Mulsant et al.，2001
	肌肉肥大	调控突变位点	Freking et al.，2002；Charlier et al.，2002

（三）畜禽群体人工选择分析

在畜禽驯化或者品种形成的过程中都会受到自然选择和人工选择，为了满足人类需要，这些选择压导致人工选择的有利突变基因组片段频率增加。经过几个世代后，包括几个选择基因在内的一种单倍型将成为优势单倍型，群体中位置相同的其他单倍型频率大大减少，甚至消失。这种现象被称为"选择扫荡（select sweep）"或者正选择（Aadersson and Georges，2004）。Sabeti 等（2007）提出了几种检测正选择的统计学方法，从整合延伸单倍型纯合度（integrated haplotype homozygosity，EHH）发展的整合单倍型分值（intergrated haplotype score，iHS）方法通过检测基因组区域 LD 频率大小判定是否为正选择。例如包含 *MSTN* 基因、*ABCG2* 基因和 *KHDRBS3* 的基因组片段单倍型的频率是基于正选择 iHS 方法得到的。通过比较不同群体 F_{ST} 值也可以预测正选择。例如，与行为、免疫反应和饲料转化率等相关基因组区域是基于 F_{ST} 方法发现的（The Bovine Hap-Map Consortium，2009）。另外，*GHR*、*MC1R*、*FABP3*、*CLPN3*、*SPERT*、*HTR2A5*、*ABCE1*、*BMP4* 和 *PTGER2* 等基因均被检测到受到正选择（Flori et al.，2009；Qanbari et al.，2010a）。在奶牛和肉牛中，包括 *SPOK1* 基因在内的基因片段（Barendse et al.，2009），在家禽中，包括 *TSHR*、*IGF1*、*PMCH1*、*TBC1D1* 等基因在内的基因片段（表 7-4）。潘章源等（2016）总结了畜禽群体选择信号的检测方法，其中包括基于群体分化的检测方法（F_{ST} 检验、LSBL 和 *di*）、基于位点频率谱的检测防范（Tajima's D 检验、Hp 检验等）、基于连锁不平衡和单倍型的检测方法（EHH 检验、XP-EHH 检验和 his 检验）、XP-CLR（Cross-population composite likelihood ratio）、Hap-FLK 检测方法、综合选择方法（CMS）等。

表 7-4　畜禽遗传资源中受到正选择的性状及相关基因

物种	正选择方法	受正选择性状/基因	备注
牛	iHS	*MSTN* 基因、*ABCG2* 基因和 *KHDRBS3* 基因	
	群体间 F_{ST} 比较	行为、免疫反应和饲料转化率等相关性状	
	iHS 和 CLR	*SPOK1*	
		饲料转化率、牛肉产量、肌内脂肪	Barendse et al.，2009
		GHR、*MC1R*、*FABP3*、*CLPN3*、*SPERT*、*HTR2A5*、*ABCE1*、*BMP4* 和 *PTGER2*	Flori et al.，2009；Qanbari et al.，2010a
		ZRANB3、*R3HDM1* 基因	Barendse et al.，2009
		WHITF、*ABCG2* 基因	Qanba et al.，2010
羊	F_{ST}	*RXFP2*、*KIT*、*ASIP*、*MITF*、*NPR2*、*HMGA2*、*BMP2*、*PRLR*、*TSHR* 等基因	Kijas et al.，2012
	F_{ST}	*RXFP2* 基因	Kardo et al.，2015
		RXFP2、*PPP1CC* 和 *PDGFD* 基因	Wei et al.，2015
家禽		*TSHR* 基因	Rubin et al.，2010
	ZH$_P$	*IGF1*、*PMCH1* 和 *TBC1D1* 基因	Zhang et al.，2012
		PRPSAP1、*BBS1*、*MAOA*、*MAOB*、*EHBP1* 和 *LRP2BP* 基因	
	ZH$_P$	*TSHR*、*PRL*、*PRLHR*、*INSR*、*LEPR*、*LGF1* 和 *NRAMP1* 基因	Gholami et al.，2014
猪		*IGF2*、*PRLR* 和 *GHR* 基因	Andersson and Georges，2004；Iso-Touru et al.，2009
	ZH$_P$	*NR6A1*、*PLAG1*、*LCORL* 基因	Rubin et al.，2012
	F_{ST}	*KCNMA1* 和 *TRPC1* 基因	Li et al.，2013

（续）

物种	正选择方法	受正选择性状/基因	备注
	F_{ST} 和 H_P	AMY2B 等基因	Axelsson et al.，2013
犬		EPAS1 基因	Gou et al.，2014 和 Li et al.，2014
	F_{ST}	MSTN	Petersen et al.，2013

第二节　边际多样性分析方法

对于畜禽保护的标准，不同国家学者提出了不同建议，如 FAO 主要根据畜群公母畜的数量，而美国家畜品种保护组织（American Livestock Breeds Conservancy）以年注册的种畜数量来确定品种的保护等级。Barker（1994）研究提出以畜种遗传贡献率评价优先保护的品种，但是遗传贡献率没有考虑品种的灭绝概率。Weitzman（1992）提出以遗传贡献率和灭绝概率综合度量指标——边际多样性评价指标，以品种的边际多样性和灭绝概率为基础估测保护潜力作为保护的评价指标可以更好地反映品种的重要性。Weitzman 方法已被应用于中国羊品种（马月辉，2005）、中国黄牛品种（毛永江，2006）、中国猪品种（赵倩君等，2007）、欧洲猪品种（Laval et al.，2000）、欧洲牛品种（Canon et al.，2001）和非洲牛品种（Reist-Marit et al.，2002）等保护研究。刘真真等（2010）应用 Weitzman 方法分析华中型猪品种的遗传多样性，通过估计总体遗传多样性、期望多样性、品种对总体遗传多样性的贡献、边际多样性、保护潜力等指标，评估华中型 20 个猪品种的遗传多样性。结果分析表明，20 个华中型猪品种的总体遗传多样性为 11 707，期望多样性占总的遗传多样性的 66.96%，保种潜力最大的 4 个品种分别为金华猪、嵊县花猪、杭猪和大花白猪。王明等（2011）利用 Weitzman 方法分析了中国 18 个地方猪种，阐明了 Weitzman 方法在实际畜禽遗传多样性研究及其保护方案中的应用。结果表明，18 个地方猪种总的遗传多样性为 8 369，期望遗传多样性为 5 971.97，约占总体遗传多样性的71.475；马身猪、香猪、滇南小耳猪和民猪是对总体遗传多样性贡献最大的 4 个品种；保种潜力最大的 4 个品种分别是金华猪、藏猪、香猪和汉江黑猪。而有些研究表明 Weizman 方法没有考虑到品种内的遗传多样性（Eding and Meuwissen，2001；Caballero and Toro，2002）。大多数研究表明，品种内个体内遗传变异一般占家畜群体总变异的 50%～70% 及以上（Hammond and leitch，1996）。现对 Weitzman 方法和 Core set 方法进行介绍。

一、Weitzman 方法

Weitzman（1992，1993）提出的边际多样性分析方法，结合了遗传和非遗传信息，提供了进行家畜品种保护比较量化的标准，以最大限度地保护家畜群体整体的遗传多样性。之后，又有学者对该理论进一步完善，并在此基础上提出了保种经费优化的 3 种模型。该方法成为目前家畜遗传资源保护与利用领域最具有活力的理论之一。

(一) Weitzman 遗传多样性的基本理论

对于有 N 个品种的群体 S，品种 i、$j \in S$ 的距离表示为 d_{ij}，多样性 $D(S)$ 可以用 Weitzman (1992) 的递推算法根据 $N \times N$ 距离进行运算。同时多样性 $D(S)$ 具有三个特征：

(1) 非负数性 (non - negatively)：$D(S) \geqslant 0$。

(2) 可累加性 (monotonicity)：$D(S \cup T) \geqslant D(S)$。

(3) 拷贝不变性 (copy invariance)：$D(S \cup T \cup T) = D(S \cup T)$。

T 是群体 S 以外的另外一个品种或品种集合。

$\mathbf{Z}$ 为包含 N 个品种灭绝概率 (extinction probability, EP) 的 N 维向量，z_i 是品种 i 在一定时间 t (如 50 年) 内的灭绝概率。这样，一个品种在 t 年后仍存在的概率为 $1 - z_i$。灭绝概率 z_i 可以通过一定的标准计算出来。

令 $\mathbf{K}$ 是包含指示变量 k_i ($i = 1$, 2, $\cdots$, N) 的 N 维向量。如果品种 i 存在，$k_i = 1$；如果品种 i 灭绝，$k_i = 0$。所以向量 $\mathbf{K}$ 反映了一个亚群内所有品种存在而其互补亚群内品种灭绝的情况。

一个亚群内所有品种存在的概率为：

$$P(\mathbf{K}) = \prod_i (k_i + (-1)^{k_i} z_i)$$

由上式可以得出 2^N 个不同的组合 (存在和灭绝)，相应的概率可以通过此公式计算而得。令 $D_{\mathbf{K}}$ 为品种不灭绝亚群的多样性。在向量 $\mathbf{K}$ 中 $k_i = 1$，则在假定时间段末的期望多样性 (expected diversity, ED) 为：

$$E(D) = \sum_{\forall \mathbf{K}} P(\mathbf{K}) D_{\mathbf{K}}$$

期望多样性的方差为：

$$\mathrm{Var}(D) = \sum_{\forall \mathbf{K}} P(\mathbf{K}) D_{\mathbf{K}}^2 - [E(D)]^2$$

设 c_i 为一个品种的贡献率 (breed contribution)，其反映了该品种对总体多样性贡献的程度，是独立于灭绝概率的一个指标，仅与该品种在拓扑树中的位置有关，用公式表示为：

$$c_i = D(S) - D(S \setminus i)$$

式中：$D(S \setminus i)$ 表示没有该品种时其他所有品种的遗传多样性；$D(S)$ 表示所有品种的遗传多样性。

设 m_i 为一个品种 i 的边际多样性 (marginal diversity, MD)，它反映了灭绝概率每增加一个单位，该品种期望多样性减少的程度，所以边际多样性的值是负的，用公式表示为：

$$m_i = \frac{\partial E(D)}{\partial z_i}$$

保护潜力 (conservation potential, CP) 是一个品种的灭绝概率与边际多样性的乘积，反映了该品种完全变为安全时期望多样性增加的程度。品种 i 的保护潜力用公式表示为：

$$CP_i = z_i \times m_i$$

此外，根据品种间的距离 d_{ij} 和 Weitzman（1992）所提出的递推算法，可以构建各品种的最大似然聚类图。以上各个指标的计算均可以通过现存的软件包完成（Simianer，未发表）。

（二）基于 Weitzman 遗传多样性学说的 3 种不同保种经费分配方式

在群体遗传学中，一个品种（或群体）平均近交系数的增加是评价该群体灭绝概率较好的指标。因为平均近交系数的增加与群体有效含量成反比，即：$\Delta F = 1/N_e$（Falconer et al，1996）。在本书中一个基本的假定就是：一个品种（或群体）的灭绝概率 z_i 与该群体平均近交系数的增加量 ΔF 成正比，即：$z_i = \gamma \Delta F_i = \gamma \dfrac{1}{2N_e}$。其中，$0 < \gamma < 1/\Delta F_i$。

在一般情况下，一定数量的保种经费投入到某品种的保种计划后，直接的效应是导致该品种有效群体含量增加，换言之就是灭绝概率降低，设 z_i^* 为收到保种经费后的灭绝概率，则灭绝概率的降低量为 $\Delta z_i = z_i^* - z_i$。在不同种保种经费分配方式下，保种经费投入量（b）与品种当前实际的灭绝概率（z_i）和实施保种方案后的灭绝概率的降低程度（Δz_i）有不同的函数关系。

（1）模型 A：平均每个家畜的保种经费与群体有效含量成正比

某地方品种 X 正在被另一品种 Y（高产品种）逐步代替。为了保护品种 X，每年不断向该品种投入一定的经费，用以补助农民由于饲养地方品种 X 而造成的经济上的损失（家庭式保种）。这样保种经费投入越多，保种群体也越大。所以平均每个家畜的保种经费与群体有效含量成正比。

假设品种 i 的有效群体含量为 N_{ei}，总共有保种经费 b 投入到该品种保护中，平均每个有效家畜得到的保种经费为 b/N_{ei}。假设有效群体含量从 N_{ei} 增加到 $N_{ei}^* = N_{ei} + \lambda b/N_{ei}$，其中 λ 为一常数。则灭绝概率降低为

$$z_i^* = \frac{\gamma}{2\left(N_{ei} + \lambda \dfrac{b}{N_{ei}}\right)}$$

所以灭绝概率降低量为：

$$\Delta z_i = z_i^* - z_i = \frac{\gamma}{2\left(N_{ei} + \lambda \dfrac{b}{N_{ei}}\right)} - \frac{\gamma}{2N_{ei}}$$

由于 $N_{ei} = \dfrac{\gamma}{2z_i}$，所以上式可以表示为：

$$\Delta z_i^A = -\frac{4\lambda b z_i^2}{\gamma^2 + 4\lambda b z_i^2} z_i$$

（2）模型 B：平均每个家畜的保种经费与实际群体数量成正比。

根据群体遗传学理论，小群体保种的最佳策略就是保持家系内群体数量的恒定。在实

际操作过程中通常做法是每个公母畜后代各留下一个作为替代。在此情况下有效群体含量是实际群体数量的两倍。因此，当一定量保种经费投入到该品种后，有效群体含量变为

$$\left(1+v\,\frac{b}{N_{ei}}\right)N_{ei}=N_{ei}+vb$$

式中：v 为常数。

此方案也可以用下面的情况来描述：在活体保种方案中，通常从一个大群体中选出一定数量的公母畜（比如公畜 10 头，母畜 100 头），对这一保种群体单独进行保护。这样，保种群体的有效含量和经费投入与该品种其他群体（如生产群）就没有关系。在此情况下，灭绝概率变化量为：

$$\Delta z_i^B=z_i^*-z_i=\frac{\gamma}{2(N_{ei}+vb)}-\frac{\lambda}{2N_{ei}}$$

上式也可表示为：

$$\Delta z_i^B=-\frac{2vbz_i}{\gamma+2vbz_i}z_i$$

（3）模型 C：群体水平上平均分配保种经费。

家畜育种服务机构建全，家畜的拥有者可以从育种服务机构获得与育种相关的各种信息，包括保种技术。在这种情况下，保种经费的投入与家畜拥有者的数量和家畜群体大小没有太大的关系。因此，该模型基本是在群体水平上平均分配保种经费。在此情况下，一定量的保种经费投入后，该品种的有效群体含量变为：$(1+\eta b)N_{ei}$，式中：η 为常数。

这样，该保种模型下灭绝概率变化量为：

$$\Delta z_i^C=z_i^*-z_i=\frac{\gamma}{2(1+\eta b)N_{ei}}-\frac{\gamma}{2N_{ei}}$$

也可表示为：

$$\Delta z_i^C=-\frac{\eta b}{1+\eta b}z_i$$

根据上述 3 种保种模型，一定的保种经费投入后，将引起品种灭绝概率降低。降低量可以通过上述 3 个不同的公式进行计算。如将品种灭绝概率降低量乘以品种边际遗传多样性，即：

$$E(\Delta D|z_i,\,b)=\Delta z_i D_i'$$

则得到对整个畜群期望遗传多样性的增加量。根据 Weitzman 遗传多样性理论，导致期望遗传多样性的增加最大的保种方式是最佳的。

（三）保种经费分配优化

设 B 为 N 个群体的保种总经费，$\boldsymbol{M}$ 为包含 N 个元素（m_i）的向量。元素 m_i 即为投入在品种 i 上的保种经费，显然：

$$\sum_{i=1}^{N}m_i=B$$

保种经费分配优化过程主要解决以下两个问题：①哪些品种得到保种经费，而哪些品

种得不到保种经费？②对得到保种经费的品种，保种经费又如何分配？

这两个问题可以通过以下方法同时得到解决：

将保种总经费 B 分为 n 等份，每份为 $b=B/n$，然后进行以下过程：

① 设 $m_i=0$，并分配第一份经费 b；

② 如 b 分别分配到每一个品种条件下，计算每个品种灭绝概率的降低值 Δz_i，同计算该品种的期望多样性 $E(\Delta D|z_i,\ b)$；

③ 将此份经费 b 分配给具有最高期望多样性的品种 j，更新该品种的灭绝概率（z_j 到 $z_j+\Delta z_j$），并将 $m_j=m_j+b$；

④ 重新计算所有品种的边际遗传多样性；

⑤ 回到第二步，分配下一份经费，直到所有经费分配完毕。

这样，所有过程结束之后，保证在假定的保种经费分配模型下，经费分配是最优的（期望遗传多样性增加最大）。

基于 Weitzman 遗传多样性学说的保种经费分配方式只涉及家畜活体保种方案中最常规的形式，并未涉及体外保存（冻精或冻胚）的形式。如涉及体外保存，则有关保种工作的投入与产出（保种效果）需要重新进行评定，其中包括成本核算与估计、保种效果检测、技术支持等方面。此外，实际保种工作中更复杂的情况也没有考虑进去，如保种基础设施建议、人员配置等，因为这些基础性的投入在刚开始不会对灭绝概率产生影响或产生的影响较小。但鉴于目前体外保存（冻精或冻胚）已经成为国内外家畜（特别是牛和羊）品种保存必不可少的补充手段，并取得了阶段性的成果。所以如何评价这些保种方式的保种效果显得十分必要。

目前，基于 Weitzman 遗传多样性的保种经费分配原则的目标是种内不同品种间最大的期望遗传多样性。实际上，保种的真正目标不仅包括种内的遗传多样性，还应包括品种内的遗传多样性、品种的特殊性状、品种目前和将来经济可利用性等方面。从理论上，保种经费投入后降低了灭绝概率，同时也增加了品种的群体有效含量，这可以在一定程度上防止品种内遗传多样性的丧失，也就增加了品种内的遗传多样性。品种的特殊性状与受保护品种的组成有关。如果受保护的品种均拥有自己的独特性状，这样保护特殊性状的效率最高。如果受保护的某两个品种拥有相同的特殊性状，则其中一个品种特殊性状的保护价值为零。后来，Weitzman 又提出了保护种内的遗传多样性和品种特殊性状相结合的保种经费优化方法，Simianer 等提出了结合保护种内的遗传多样性、品种特殊性状和品种将来经济可利用性三者的初步公式。但对这些公式的不断完善将是一个长期摸索的过程。

三种家畜遗传资源活体保种经费分配方式中，群体水平上平均分配种中经费所得的期望遗传多样性最大。但这种保种经费分配方式要求较高，需具备完善的育种机构和保障体制，这一标准目前对发展中国家来说很难达到。相比之下，采用家系内等数留种为前提条件下的保种经费与实际群体数量成正比的分配方式具有较好的效果。此时，保种的优先性和保种分配经费比例可以以品种的保护潜力为依据。Weitzman 遗传多样性理论应用于家畜品种遗传多样性保护需不断改进和完善，保种的目标不仅包括品种内和品种间的遗传多样性，还应包括品种的特殊性状和将来经济可利用性等方面。

二、Core set 方法

Core set 多样性是基于共亲或者亲缘关系上鉴定得到的（Eding et al.，2002；Bennewitz and Meuwissen，2005；Olichock et al.，2006）。Core set 的概念首先在植物保护生物学中出现，定义为包括某一种植物遗传多样性在内的最小的一组或者一株。个体间或者群体间遗传重叠或者遗传相似度称为亲缘关系系数，Core set 方法主要目的就是消除物种之间遗传重叠。马月辉等（2002）以品种的分布区域、有效群体大小、群体数量变化趋势、经济重要性、独特性等 5 个指标不同权重估算了品种未来 100 年的灭绝概率。Eding 等（2002）提出了 core set 分析方法。Bennewitz 等（2005）在 core set 分析方法的基础上提出了保种评价的标准，该方法可以同时分析品种内和品种间的遗传变异。赵倩君等（2007）应用边际多样方法，分析了豫西脂尾羊、浪卡子绵羊、滩羊等 24 个品种（群体）的灭绝概率、品种贡献率、边际多样性和保护潜力，确定了优先保护次序和保护资金分配方案。以保护潜力为依据（Weitzman et al.，1992），绵羊群体的优先保护次序为兰州大尾羊、汉中绵羊、滩羊、贵德裘皮羊等。

第三节　畜禽遗传资源社会与经济评价方法

畜禽遗传资源的经济学评价有利于重新、全面地认识畜禽遗传资源。导致畜禽遗传资源不断恶化的原因是多方面的，如高投入高产出的生产方式的广泛应用，无计划的杂交，相关政策、法规不健全等因素都是导致畜禽遗传资源枯竭的原因（吴常信，1999），还有非常重要的原因就是畜禽遗传资源价值的"市场失灵"（Tisdell，2003），也就是说，饲养地方品种的经济效益比饲养高度培育的引进品种的经济效益差，在现行的市场条件下，畜禽遗传资源的价值难以得到真正的体现，这就必须对现存的畜禽遗传资源价值进行重新、全面的认识，其中对畜禽遗传资源进行经济学评价（图 7-1）是非常重要和基础的工作。

一、畜禽遗传资源经济价值评价指标

根据畜禽遗传资源在畜牧生产中体现的 4 个方面的价值，提出评价畜禽遗传资源经济价值的评价指标：①直接使用价值（direct use values），主要指品种资源能够提供直接产品，如肉、蛋、奶、纤维等的价值；②间接使用价值（indirect use values），指对生产系统、生态系统等环境的贡献价值；③预期使用价值（option values），指满足未来需要的价值；④社会历史以及文化价值（socio-cultural values）。根据 4 个指标，计算综合经济价值（total economic value）来衡量畜禽遗传资源经济价值。

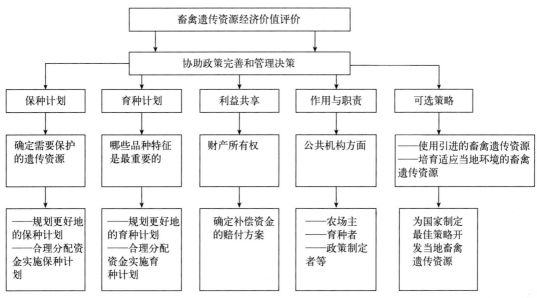

图 7-1　畜禽遗传资源经济价值评价示意图

(Roosen et al. , 2005)

二、畜禽遗传资源经济价值评价方法

近几十年来，国内外学者对遗传资源的价值分类体系进行了研究。

畜禽遗传资源（AnGR）保护项目成本评估的方法见表 7-5。

表 7-5　畜禽遗传资源经济学评估法

评估方法	目标或者优点	在保护中发挥的作用
畜禽遗传资源保护项目成本合理性决策的方法		
条件价值法（CVM）	鉴别社会是否愿意为畜禽遗传资源保护支付资金（WTP）	定义经过检验保护项目经费的上限值
避免生产损失（PLA）	鉴定出没有畜禽遗传资源保护条件下潜在的生产损失量值范围	定义在这个级别下保护的成本
机会成本（OC）	鉴别维护畜禽遗传资源多样性的成本	定义畜禽遗传资源保护计划的机会成本
最低成本（LC）	鉴别畜禽遗传资源保护成本效益计划	定义保护计划的最低成本
决策品种经济重要性的方法		
供求理论分析法（ADS）	鉴别品种对社会的价值	与畜禽遗传资源消亡潜在造成的损失
典型农场和家庭调查分析法（CFH）	鉴别品种对社会的价值	与畜禽遗传资源消亡潜在造成的损失
市场份额分析法（MS）	鉴别给定品种的市场价	证明品种的商业价值

（续）

评估方法	目标或者优点	在保护中发挥的作用
IPR&Contracts	建立和维持畜禽遗传资源利益分享"公正公平"的市场	产生畜禽遗传资源保护资金和激励机制
畜禽遗传资源育种计划中优先性评估方法		
育种计划评价法（EBP）	鉴定畜禽生产性能提高的净收益	保护畜禽遗传资源经济收益的最大化
生产函数法（GPF）	鉴定畜禽生产性能提高的净收益	保护畜禽遗传资源经济收益的最大化
HEDONIC 模型法	鉴别畜禽性状价值	畜禽遗传资源消亡造成的潜在损失价值，理解品种的参数设置
农场模拟模型法（FSM）	改良畜禽性状对农场收益的模型	畜禽遗传资源保护项目经济收益最大化

注：引自 Drucker et al.，2001。

（1）条件价值法（contingent value method，CVM）：由 Davis 于 1963 年提出，其后得到迅速发展。该方法是一种典型的陈述偏好评估法，直接调查和询问人们对某一资源保护的措施的支付意愿（willingness to pay，WTP）或者对资源质量损失的接受赔偿意愿（willingness to accept，WTA），然后以人们 WTP 和 WTA 来估计资源保护效益或资源质量损失的经济价值。条件价值法可以用于评估遗传资源的利用价值和非利用价值，并被认为是用于非利用价值评估的唯一方法。在调查过程中，信息条款和交换的潜力提供了相应内容和理解生物多样性的范围，该方法可以作为代理投票的方式获得以人们意愿为主的优先保护等级。农场主可以提供接受农场动物遗传资源保护的费用的意愿，人们可以被询问农场或者基因库维持的支付费用。通过这种方式，畜禽遗传资源保护费用上限就可以被决定了，但是，条件价值法目前还没有被使用在遗传资源评估方法。1986 年，该方法被美国推荐为测量自然资源和环境存在价值和遗产价值的基本方法。

（2）经济因素：Mendelsohn（1999，2003）概述了畜禽遗传资源经济价值评估的作用，主要包括：①开发有效的育种方案；②保护项目中品种的选择；③利益共享。总而言之，畜禽遗传资源评估有助于完善相关政策和管理的决策。

Mendelsohn（1999）提出利用畜禽遗传资源经济评价的至少有三方面：①经济值是制订有效育种计划的关键；②经济值是品种保护项目的关键；③体现在畜禽遗传资源利益共享方面。这些论述的中心思想为协助政策完善和管理决策。人们对不同地区、不同国家和不同产品系统等畜禽遗传性状比较感兴趣。例如，由于处于边界地区的畜禽具有多功能性、可塑性、抗性等优良特性，可以很好地适应不同变化的环境中生存。

Drucker 等（2001）概述了采用不同经济评价方法对畜禽遗传资源保护计划中各个环节涉及的收益进行了评估。Bräuer（2003）建立了投入产出经济效益评估模型（cost - benefit analyses，CBAs），以"货币"的形式提出了畜禽遗传资源总经济价值（total economic value，TEV）模型，包括直接利用价值、间接利用价值、可选价值和非利用价值（图 7 - 2）。

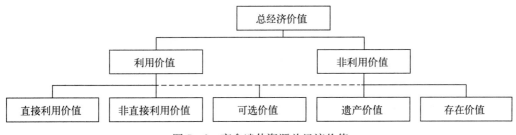

图 7-2　畜禽遗传资源总经济价值

(Bräuer，2003)

$$TEV=DUV+IUV+OV+NUV$$

式中：

——直接利用价值（direct use value，DUV）：主要指品种资源能够提供直接产品，如粮食、毛皮、役用、肥料等的价值；这与农村等社会经济体有关。主要包括动物本身或者其衍生物的供给或消费，这部分应该是直接利益利用价值主要方面，尤其在处于濒临状态的动物，市场对其需求更大；其次是源于人们在野外环境中欣赏濒临野生动物的乐趣；然后部分来源于人们通过杂志或者视频了解动物情况的乐趣，例如被驯化的动物。

——间接利用价值（indirect use value，IUV）：主要指对生产系统、生态系统等环境的贡献价值，是从农业生态系统功能和社会文化功能等演变的利益。第一方面来源于特定环境下特定畜禽的文化价值，特别是在某一时期在某一地区重塑传统文化，许多人们愿意以货币支付的方式保护畜禽具备的某种重要元素以作为地区历史的见证，例如，已经有2500年饲养历史的马品种，应该会与这个区域的历史息息相关。第二方面来源于人们经历了饲养的品种面临濒临灭绝状态时获得利益的乐趣。第三方面是出于畜禽本身价值的考虑。不管濒临灭绝动物对人类是否有利用价值，许多人们愿意支付费用保护这些动物，这种方式在保护野生动物方面起着关键的作用，如果没有人类的干预，或许一些野生动物或者家养动物将会灭绝。

——可选价值（option value，OV）：主要指为将来的利用选择而保护资产所给予的价值而获得的价值，例如一种畜禽发生的新疾病或者气候变化的保险价值。这个指标与维持可塑性的目标相关，例如市场或者环境变化的保险等。可选价值表现在为了将来消费保护畜禽愿意支付产生的价值，对于某些畜禽将来某一个时期的需求而通过愿意支付产生的价值。

——非利用价值（non-use value，NUV）：包括有遗产价值（bequest values，BV）和存在价值（existence values，EV）。遗产价值是度量个人从其他人可能在将来从一种资源获利的知识自然获利。存在价值是指简单地从了解现有一种特殊资产存在的满足而获得的价值，与保护的历史文化目标有相关。这部分价值不容易准确确定，或许由于某一个政策的出台造成特定的畜禽和一系列特有的基因的损失，在不久的将来，这些基因也许在某一个环境中会发挥重要的作用，而我们现在又无法预料到。随着科学技术的不断更新和发展，或许以后会用现在完全不同的技术手段评估处于濒临灭绝状态的畜禽。这种价值来自于处理动态和不确定信息的管理的弹性。

但是目前经济决策仅取决于直接利用价值，对于遗传资源的可持续利用和保护，除了直接利用价值，其他价值指标可能发挥出同样或者更重要的作用，如果仅利用直接利用价值，生物多样性和遗传资源评估一贯被低估了。如果能用总经济价值来评定畜禽遗传资源政策和决策，那么畜禽遗传资源可以被"最大化"地利用。但是，利用总经济价值中各个元素以货币形式来评定动物遗传资源将是一个重大的挑战。人们经常考虑的是畜禽遗传资源的直接利用价值，这些收益直接可以让农场主受益，而不是社会。

三、畜禽遗传资源经济学评价程序

根据《生物资源资源经济价值评价技术导则》（HJ 627—2011）相关内容制订畜禽遗传资源经济学评价程序。

1. 确定评价目的

畜禽遗传资源经济价值评价的目的包括：

（1）设计畜禽遗传资源惠益分享的价值评价。

（2）特定时间或行动对畜禽遗传资源造成经济损失的评价。

（3）特定畜禽遗传资源保护方案或政策的成本-收益分析。

（4）特定区域、类型的畜禽遗传资源总价值的货币计量。

2. 明确评价对象

评价对象可分为种、亚种、品种、品系、类型等。

3. 确定评价范围

评价范围包括时间长度（一年、一定期间等）和空间范围（区域等）。

4. 选择价值类型

根据畜禽遗传资源的特点及评价目的，选择需要评价的价值类别。

5. 选择适当的评价方法

根据方法的适用条件、评价对象、评价目的、数据资源的完备程度选用一种或几种方法进行评价。

6. 收集和整理资料

从政府统计表、公开发表的文献等，收集产品数量、市场价格、养殖成本、畜禽遗传遗传资源濒危程度对其研究与发展的作用、知识产权利用效益等方面的资料；按照直接利用价值、开发价值、保护价值的评价要求整理数据。

7. 计算并提交评价报告

（1）根据确定的方法评价经济价值。

（2）撰写评价报告，报告包括前言、评价目的、评价对象、评价依据和方法、资料收集、评价结论等内容。

第八章　畜禽遗传资源开发利用策略

第一节　我国畜禽遗传资源开发的重要途径

我国畜禽遗传资源开发的重要途径很多，主要有品种内选择、品种间杂交，深入挖掘其利用价值。

一、品种内选择

品种内选择是畜禽遗传资源重要的开发途径之一。地方品种或群体的选择主要通过选育提高、纯繁扩群来提高本品种的种质特性。在目前技术条件下，品种内选择是对品种特定性状进行大幅度迅速改进的有效措施。

我国由于地理环境、生态资源、气候条件以及民族文化和人民生活习惯的多样性，造就了我国丰富的畜禽遗传资源，猪、黄牛、绵羊、山羊等地方品种都具有多方面的卓越特性。目前，之所以当地资源开发受到阻碍主要是因为受到长期的杂交冲击。由于地方品种拥有的当前市场追求的一些性状（如日增重、屠宰率和产蛋量）不及国外品种，加上缺乏对地方品种的足够认识，所以片面引进国外品种进行改良成为一种普遍现象，从而忽视了对地方品种独特的资源特性和开发价值的认识。若在家畜品种内，针对少数两到三个性状进行高度选择，迅速改进种质特性，可提高其与国外品种竞争的能力。

（一）采用品种内选择途径开发畜禽遗传资源的优点

采用品种内选择开发畜禽遗传资源的优点有：一是能够保持既有品种在生产性能（如肉质、风味、繁殖力等）方面的固有优点；二是不破坏固有的遗传共适应体系，保持现有品种的品质特性（如抗寒性、抗低氧、抗病性等）；三是避免了周围区域乃至国外畜禽中常见的各种遗传缺陷（如牛的大脑疝、山羊乳房与乳头异常），疾病（如疯牛病、羊瘙痒症）以及易感基因在我国畜群中扩散；四是保持了中国畜禽品种的种质特性，有助于增强我国未来在遗传资源领域内的国际竞争实力；五是有益于世界范围内遗传多样性保持。

（二）品种内高强度选择的可能性

首先，目前我国地方家畜品种内巨大遗传变异以及遗传多样性保护新技术的普及应用（如种群遗传变异分析、冷冻精液胚胎保存、胚胎分割和克隆、基因定位和 DNA 文库等），为提高选择差提供了基础，同时克服了畜群规模锐减的情况，使高强度选择成为可能。

其次，从国外育种实践可知，通过品种内选择大幅度改进特定性状是可行的。如联合国粮农组织 1990 年开始在约旦、叙利亚和土耳其开始的土种绵羊、山羊的改进工作，基本措施就是在群体内针对某些生产力性状进行高强度选择，以期望在改进生产性状的同时，保持羊群对季节、环境、饲养等条件的抗逆性，其成功经验证明品种内高强度选择的可行性。

最后，品种内高强度选择是有理论依据的。在某群体中，数量性状表型符合或近似地符合正态分布。在选择单个性状时，在性状的遗传力和表型标准差的既定条件下，如应用现代繁殖技术，大幅度提高种畜（特别是种公畜）选择差，使留种率降低到最低限，可能获得很高的选择进展。如果同时选择多个性状，而且性状不存在遗传相关，即使存在很高的选择进度，在当代繁殖体制下也可能较为顺利地进行品种内选择。

（三）品种内高强度选择的必要条件

虽然畜禽遗传资源的规模锐减给超常的高强度选择提供了机会，但从遗传资源的角度来看，也具有负面影响。消费市场收缩而带来的品种规模锐减可能导致具有优良特性的遗传资源个体缺失，无法获得高度选择后预期品种品质提高或开发效果，也可能在进行选择中导致品种退化或品种衰亡。因而，地方品种高度选择工作应适时组织，即在品种规模锐减前夕，要求在普查的基础上征集其中最优异的一部分资源群体，即选择进行得越早越好。此外，一定量的经济支持也是十分必要的，在选择过程中，品种的生产性能的测定、标准建立、个体选择及品种培育都需要政府相关部门、企业的经济支持。同时，明确品种种质特性，掌握市场前景，将品种的某些性状向着市场需求的方向选择，从而可获得更大幅度的改进。

二、品种间杂交

（一）品种间杂交在遗传资源开发中的优点

一是通过品种间杂交可以丰富子一代的遗传基础，把亲本群的有利基因传给子代，可以创造新的遗传类型，或为创造新的遗传类型奠定基础。新的遗传类型一旦出现，即可通过选择、选配，使其固定下来并扩大繁衍，进而培育成为新的品系或品种。二是改良畜禽，迅速提高低产品种的生产性能，也能较快改变一些种群的生产方向。三是杂交还能使具有缺陷的种群得到较快改进。四在生产上，杂交可以产生杂种优势，特别适合商品生产。

（二）品种间杂交的局限性

品种间杂交，作为一种育种手段，是具有一定的适用范围的。20世纪以来，世界人口剧增，对肉、蛋、奶等动物产品的需求量相应增加，促进了动物生产和畜牧科学的纵深发展，选育了高产优质的专用品种（如奶用、肉用、毛用等）及专门化品系（如增重快品系、毛长品系、乳脂率高品系等），追求动物的高生产力和产品的标准化，从而使原有的地方品种（品系）逐渐被这些通用高产的少数品种所代替，造成品种单一化的态势；另外，高产品种与地方品种杂交已经是畜牧业中很普遍的生产方式。利用杂交优势固然提高了畜牧业效益，但却有可能引起品种混杂，甚至某些品种的灭绝。

（三）遗传学效应对杂交的影响

杂交的遗传学效应主要包括：一是提高各位点的平均杂合子频率，增加群体的杂合性（heteromorphism）；二是可掩盖隐性基因的作用，提高群体显性效应值；三是增加互作效应，破坏群体固有的基因组合与遗传共适应体系；四是使不同亚群趋同，减少群体内现有的固定的变异类型种类。

因而，杂交直接的表型效应是产生杂种优势，即在一定世代提高一部分性状的表型水平，但这种提高不能稳定遗传，从而使得杂交的遗传学效应对于长期选择中逐渐形成、决定品种优良特性的纯合态、遗传共适应体系以及品种与类型具有破坏作用。

三、深入挖掘畜禽遗传资源的利用价值

一般而言，畜禽遗传资源具有实用或潜在的价值，所以可以通过直接和间接的途径进行开发利用。

（一）直接开发利用

畜禽遗传资源可以直接用作食物、药物、能源、工业原料。一些地方良种以及新育成的品种，一般都具有较高的生产性能，或者在某一性能方面有突出的生产用途，它们对当地的自然生态条件及饲养管理方式有良好的适应性，因此可以直接用于生产畜产品。一些引入的外来良种，生产性能一般较高，有些品种的适应性也较好，可以直接利用。例如我国的太湖猪，以其性成熟早、产仔多、繁殖率高而闻名国内外；金华猪皮薄骨细，腌制成金华火腿质佳味美，在国内外素享盛誉；生活在海拔 4 000 m 左右严寒少氧高原上的牦牛，是世界独特的牛种，在雪封千里的草地上仍能负重开路，自古被誉为"高原之舟"，同时又为高原人民提供肉、奶、毛皮等主要生活用品；我国的滩羊和中卫山羊生产二毛裘皮，毛穗弯曲美观，为世界著名的裘皮羊品种；湖羊，羔皮毛股呈波浪形花纹，光泽美观，为我国珍贵的羔皮羊种，同时又具有繁殖率高的可贵遗传特性；我国培育的中国美利奴羊，成年母羊净毛量超过 3 kg，周岁时羊毛长度达 9 cm 以上，羊毛质量好，具有色白、弯曲、净毛率高等特点，是一个高水平的细毛羊新品种；广东的"三黄鸡"以其肉嫩味美而饮誉港澳，已成为我国活鸡出口数量最多的鸡种；江西和福建的"丝毛乌骨鸡"，是配制我国传统名药"乌鸡白凤丸"的主要原料，也是世界特有的药用珍禽；绍兴鸭适于圈养，性成熟早（100～120 d 即可开产）、产蛋多（年产蛋 200～210 枚）；高邮鸭适于放牧饲养，觅食力强，具有产"双黄蛋"的特点，是腌咸蛋的上好原料；建昌鸭以产肥肝著名，填肥三周，其肝重即可达 300 g 以上，年产蛋 150 枚，为我国优良的肉蛋兼用鸭品种；北京鸭不仅产蛋多（年产蛋 200～220 枚），且肉质优良，制成烤鸭皮脆而肉嫩，味特鲜美，为我国肉用鸭良种，久已闻名于世，很早就为英、美等许多国家引种；广东狮头鹅体形大而生长快，70 d 体重即可达 6 kg 左右，成年鹅体重达 10 kg 以上，为世界稀有的肉用鹅品种。

在经济发达的地区，畜禽产品简单直接开发利用模式已经不能满足当代的经济运行模式和社会发展的需要。具有优良家畜遗传资源的地方逐渐与企业合作，大力发展畜产品的

深加工，延长产业链条，并且依托当地人力优势，发展"基地生产＋公司回收＋加工销售""基地生产＋科研基地＋企业回收"等产业化模式。此外全国各地还纷纷申请地方家畜资源的国家地理标志注册，以保证地方家畜遗传资源的品牌效应和经济效益。

（二）间接开发利用

由于我国多样化的地理和自然生态条件，民族众多，风俗习惯迥异，广大劳动者对动物的驯养和精心选育经过了一个长期的过程，如今不仅形成了我国丰富多彩的家畜遗传资源，还将家畜资源特色融入了地方娱乐、文化生活，实现了人类文化的传承。例如流行于山东梁山县的小尾寒羊斗羊赛，河南开封市的斗鸡等。由于家畜遗传资源个体的表型不同，一些地方品种走向宠物市场变得流行，在广西西部和四川凉山的畜禽遗传资源调查中分别发现的广西矮马和安宁果下马，体高 100 cm 左右，是我国古时"高三尺，乘之可骑行于果树下"的"果下马"的重现，与英国著名矮马舍得兰品种体高相近。此外，我国小型猪资源十分丰富，有些小型猪比报道的国外小型猪体型更小，且细致紧凑，性情温顺。这些小型猪目前多通过近交方式，培育实验用小型猪，是医学科研中的重要模式动物。

第二节　提高遗传资源利用的方法与技术

一、畜禽的纯繁与选育提高

在我国，部分畜禽遗传资源受品种规模化集约化发展程度低，管理水平落后和疫病严重等问题影响和限制，使得种内品质参差不齐，饲养规模小，极大地制约了品种资源的利用和开发。为满足生产上更多优良品种个体的需要，一定要进行畜禽的纯繁与选育提高工作。在品种规模或种群数量朝着市场需求的方向不断扩大的同时，应该继续做好选种、选配和培育等一系列工作，控制近交系数过快增加，防止近交退化。

二、畜禽新品种、新品系的培育

畜禽品系与品种的培育是畜禽育种工作极其重要的组成部分。在近代几百年时间里，人类于用遗传学理论控制改造家畜遗传的过程中，创造和培育了大量的品系和品种，不仅为畜牧业生产提供了丰富的品种资源，也为畜牧产品消费市场开阔了新的领域。

培育新品种是畜禽遗传资源开发的重要内容之一。根据已有的培育新品种的经验和当前畜牧科学进展的动态，培育家畜新品种主要包括选择育种、诱变育种和杂交育种以及分子育种的新途径。而目前利用现有品种进行有目的的杂交育种，是当前应用较多的重要途径和有效方法。杂交育种是从品种间杂交生产的杂交后代中发现新的有益变异或新的基因组合，通过某些措施把这些有益变异和有益组合固定下来，从而培育出新的家畜品种，我国许多的著名家畜品种都是用这种方法育成的。通过杂交等方式的育种，主要是改变家畜主要的用途，提高生产能力，提高适应性和抗病力，依然需要适应当代乃至未来可预见的消费市场。

品系作为畜禽育种工作最基本的种群单位，在加快种群的遗传进展，加速现有品种改良，促进新品种育成和充分利用杂种优势等育种工作中发挥了巨大作用。目前常用的建系方法包括系组建系法、近交建系法和群体继代选育法等。品系培育中，应用最为广泛的是专门化品系的培育。随着畜牧业生产集约化、工厂化和专门化程度的提高，以及市场消费方式领域的多样化，将专门化品系应用于配套系杂交中，可以提高选种效率和品系间杂交的效果，使品系间杂交所得的商品畜的一致性更好，从而更好地适应市场需求变化。

三、畜禽遗传资源监测

畜禽遗传资源监测是资源保护和利用的重要工作。对畜禽遗传资源保种群体不同性状进行规范性测定和记录，定期进行检查汇总，进行分析和评估，可监测保种和育种效果；通过进行集中测定繁殖性能、生长性能等相关数据，可评估畜禽遗传资源保种效果和培育品种的选育进展。

目前，我国正建立畜禽遗传资源动态监测评估中心，承担畜禽遗传资源动态监测和评价工作，审核、发布、预警最新资源信息。通过开发畜禽遗传资源数据库系统，建设信息共享平台，配置服务器、数据存储和上传等设施设备，开展数据采集、分析和录入等，逐步构建畜禽遗传资源动态监测预警体系。加强对地方品种种群规模、种质变化、濒危状况、保种效果、开发利用等常态监测，便于及时掌握资源动态变化，科学预测近期和中长期发展趋势。

四、依托畜禽固有优良性状，扩宽利用渠道，开发特色产品

市场消费是拉动产业发展的内在动力之一，应以家畜品种特色为依托，开发系列优质产品，实施产业化开发，满足多样化的市场需求。我国是一个有悠久家畜驯养、利用史的国家，各民族根据地方品种的特点共同创造了丰富多彩的畜禽产品利用方式。充分挖掘这块潜在的市场，不仅可以弘扬我国的民族文化传统，而且可为大多数地方畜禽品种的保护提供充足的经费来源。在开拓新型市场时，我们也可以着力于广大地方畜禽品种非主要经济性状的开发利用。

五、加强科技创新，建立畜禽遗传资源开发利用技术自主创新体系

我国颁布了《中国生物多样性保护战略与行动计划（2011—2030年）》，提出了加强生物遗传资源开发利用与创新研究的行动计划。应依托有关科研院校和技术推广部门，加强科技创新，深入开展畜禽遗传资源基础科学研究，完善畜禽保种理论，积极探索经济、有效、科学的保种方法，研究并推广综合利用配套技术，为科学利用畜禽遗传资源提供技术支撑。同时，加大科技成果转化推广力度，鼓励企业、科研机构和技术推广等部门充分发挥科技创新主动性和能动性，打造我国地方畜禽遗传资源开发利用技术自主创新体系，促进资源优势转化为经济优势。

第三节　畜禽近缘野生动物遗传资源的利用

一、近缘野生动物资源

我国是世界上畜禽资源较为丰富的国家之一，现有的畜禽品种是我国劳动人民数千年来辛勤培育的产物，在很大程度上反映了我国劳动人民的文化智慧，是历史的活化石。畜禽是人类生存、进步和可持续发展的物质基础，为人类提供必需的肉、蛋、奶、蜜、毛、皮、丝等优质产品。通常，畜禽包括牲畜与家禽等。畜禽按驯化时间和程度分为三类，即较早期驯化物种（24 种）、较晚期驯化物种（27 种）、近缘野生种（14 种）。

二、近缘野生动物遗传资源面临的问题

我国是生物资源十分丰富的国家，但也是生物资源遭受破坏较严重的国家之一。在《濒危野生动植物种国际贸易公约》中列出的 640 个世界性濒危物种中，中国约占总数的 1/4，其中高等野生动物就有 118 种。

1. 栖息地遭破坏，濒危动物增多

由于我国经济高速发展，大面积森林被砍伐，土地开垦剧增，草场退化严重，沙漠化不断扩大，导致野生动物栖息地面积日益减少，种群数量下降。许多物种被隔离在生境斑块中，迁移扩散受阻，近亲繁殖增加，进一步加快物种濒危和灭绝的速度。据《中国物种红色名录》统计，我国鱼类、两栖爬行类、鸟类和兽类濒危物种分别约占 38%、12%、2% 和 16%，导致濒危的主要因素是栖息地退化和丧失。

2. 过度利用导致资源枯竭

过度利用的直接影响是造成野外种群数量的急剧下降，并最终导致资源枯竭与濒危灭绝。通过分析我国蛇类进出口贸易和喜马拉雅地区野生动物非法贸易，发现过度利用是这些物种生存的最大威胁。我国爬行类中龟鳖类的最大致危因素即是作为食物贸易被猎捕。目前，我国有 134 种哺乳动物、156 种鸟类、33 种爬行类、2 种两栖类、15 种鱼类、343 种无脊椎动物列入了 CITES 公约的附录，其国际贸易正受到严格管制。

3. 动物疾病

病原体会影响动物的正常生理机能，严重时会导致死亡。特别是大规模的恶性传染病会对动物群体产生致命的影响，导致种群数量急剧下降。如 2005 年青海湖暴发的野生鸟类禽流感，造成 6 000 多只鸟类死亡。

4. 遗传多样性丧失

通常遗传多样性反映生物的进化潜力，遗传多样性越丰富，生物对环境变化的适应能力越强。有相关文献曾报道，朱鹮最初群体数量仅有 7 只，种群近交严重，已经出现幼鸟残疾、繁殖率低和雏鸟成活率低等不利情况；麋鹿种群由于遗传多样性贫乏而将影响其种群长期健康存活。这些情况的出现表明，遗传多样性的丧失将对种群产生极其深远的危害。

5. 外来种入侵

外来入侵种侵占了本属于当地生物的生态位，造成生态系统出现单一化的趋势，导致当地物种的灭绝。我国是遭受生物入侵较严重的国家之一，比如美国牛蛙入侵云南、四川、浙江等地区的生态系统，导致当地两栖类减少。2005年，《Science》有篇文章报道，为了裘皮贸易人们将狐引入阿留申群岛，狐捕食海鸟导致富含养分的鸟粪量大大减少而降低了土壤肥力，最终导致植物群落的重大变化，狐的引入使得这些岛屿从草原变成了苔原。

6. 环境污染

环境污染物能引起人类或动物产生多种多样的毒性，如神经毒性、肝毒性、内分泌毒性、生殖毒性等，还能导致生长受阻、内分泌失调、繁殖受影响等，严重的则会导致死亡。有些污染物会通过食物链放大作用最终影响生态系统的健康。

三、近缘野生动物的价值

野生动物是人类社会发展的重要物质资源，是我们至今赖以生存的畜禽品种的种源。我国与野生动物资源紧密相关的产业有野生动物养殖、传统医药、特种皮革、民族乐器、工艺品制造、观赏旅游等，在国民经济发展中占据重要地位。

1. 药用价值

我国的传统医学就是在研究和利用野生动植物的基础上发展起来的，虎骨、豹骨、犀牛角、麝香、穿山甲片、赛加羚羊角、熊胆粉、海龟壳、蛤蚧、眼镜蛇毒、蟾酥等，是中药不可或缺的重要原料。

2. 食用和衣用价值

我们的祖先在"茹毛饮血"的时代就是依靠采集或猎捕野生动植物来维持生计的。即使到了21世纪，许多动物依然是我们生活中常见的食用或衣用原料。如鹿肉、黄羊肉、紫貂皮、黄鼬皮、豹猫皮、水獭皮、藏羚羊绒、燕窝、飞龙、鳄鱼肉、鳄鱼皮、鸵肉、蛇干、蛇皮等。

3. 观赏价值

濒危动物一般具有很高的观赏价值，是动物园、森林公园、自然保护区或风景名胜区招揽游客的王牌，也是许多文人墨客吟诗作画的主要对象。赴国外展出和合作研究一对大熊猫，每年至少可为国家筹集到800万元大熊猫保护基金。另外，孔雀、鸵鸟羽毛、蝴蝶、盘羊头骨制成的装饰品，也具有很高的艺术观赏价值。

4. 外交价值

我国特产动物大熊猫、金丝猴、东北虎、朱鹮等，既是世界级濒危动物，也是各国人民极为喜爱和渴望参观的珍稀动物。对外赠送或赴外展出这些动物，对提高中国知名度、发展国家间政经关系、促进文化交流、增进民间友谊、宣传我国濒危动物保护管理成就、开展濒危动物合作研究、筹集濒危动物保护经费等发挥了重要的作用。

5. 潜在的开发价值

物种的价值，人类目前所了解到的仅仅是其极小一部分。随着科学技术的发展，各个物种的潜在价值将会逐渐被发现和认识。但是如果物种在被人们认识之前就已灭绝，就谈不上开发利用这些价值了。无疑，这对我们人类来说是极大的遗憾，对生物多样性保护来说也是一大损失。

四、近缘野生动物遗传资源的开发利用

1. 加快资源调查和建档工作

野生动物资源调查是野生动物经营管理工作的重要组成部分，是保护和开发利用野生动物资源以及制订规划的科学基础与依据。为了合理开发利用好野生动物资源，必须尽快做好资源调查，摸清家底，建立档案，尤其是对主要资源动物的分布、种群数量、密度及其变化规律等进行深入研究，从而为我国合理开发利用野生动物资源提供科学依据。

2. 加强野生动物知识的宣传教育

各有关部门应密切配合，利用广播讲座、编印小册子、举行短期训练班等有效形式，广泛宣传国家有关保护和利用野生动物资源的法律法规和政策制度，使群众在从事狩猎生产时懂得有关知识，达到既懂保护又会生产的目的。

3. 合理捕捉动物，严禁滥捕滥猎

结合实施野生动植物资源保护和自然保护区工程，充分利用野生动物资源优势，有目的地对种群数量大、繁殖快、分布广的种类进行有计划合理的捕捉利用，彻底纠正滥捕滥猎现象，使其永保资源优势，达到永续利用的目的。

4. 利用先进的科学技术，人工繁育野生动物

对于营养价值高、效益大但种群数量不断减少的种类如野猪等，通过放养家猪与野猪杂交产生的一代野猪杂交种，建立野猪繁育基地，将所产猪进行育肥，向社会提供肉食商品，丰富市场、保护种群。又如狍子，虽然种群数量大，分布集中，但近年来，滥捕滥猎严重，使种群数量剧减，因此，在加大野生动物保护力度的同时，应集中力量进行野生动物开发利用研究，组织技术攻关，摸索人工驯化、养殖经验，利用高科技手段进行人工繁育养殖，根据利用量和再生量平衡的原则，提出开发利用措施，形成新的产业项目，达到生态平衡。

5. 保护好野生动物赖以生存和栖息的自然环境

首先要做好对森林的合理利用，因地制宜、因林选择主伐方式，杜绝大面积皆伐，主伐及伐区清理作业应注意保留部分过熟林木，并选择在鸟兽繁殖期前或繁殖期结束之后进行，以避免破坏大量鸟兽窝巢及隐蔽生长于灌丛枯枝中的幼鸟幼兽。培育森林，为野生动物创造稳定的生存环境。造林应注意营造多层混交林，适应不同种类野生动物的栖息；森林抚育采伐和林分改造时，应注意保留有鸟巢的林木和一些不妨碍目的树种生长的下木，为野生动物提供良好的繁殖场所和食物基地；搞好护林防火，坚决制止毁林开荒和烧山驱兽等错误做法。

第九章　我国畜禽遗传资源开发利用实践

畜牧业是我国农业经济的支柱产业，现代化畜牧业的发展与优良的畜禽品种具有重要联系。因此，做好畜禽品种的改良工作是发展现代畜牧业的基石。本章主要围绕猪、牛、羊、鸡等品种论述畜禽品种改良与利用进展情况。

第一节　猪的遗传资源开发利用实践

我国拥有各具特色的地方猪种 83 个，如高繁殖力的太湖猪系列（梅山猪、二花脸、枫泾猪等），高肌肉脂肪含量的莱芜猪，体型小的香猪，适应高温高湿气候的两广小花猪，适应高海拔气候的藏猪等。在产业化方面，目前市场上的地方特色猪肉，不论是北京黑猪、湘村黑猪，还是壹号土猪、精气神山黑猪，均已打通产业链下游，实现了从基地到餐桌的全产业链运作，在一定程度上丰富了猪肉市场，为消费者提供了更多优质、美味的猪肉。同时，我国地方猪遗传资源对世界猪种改良、现代猪种培育与进一步改良发挥了积极作用。17 世纪末，英国使用中国广东猪和暹罗猪对当地土猪改良，先后育成小白猪、中白猪、大白猪。

纯种地方猪作为商品生产效益低，常与外来猪种杂交利用，长期以来，我国地方猪种通过品种（配套系）培育、直接杂交等方式进行开发利用。

一、新品种（配套系）培育

地方猪遗传资源有效保护措施之一是培育推广含有地方猪血统的新猪种，我国畜牧科技人员从 20 世纪 90 年代开始，利用国内地方猪种的优良特性，本着因地制宜、适应市场需求的原则，有计划地开发利用地方猪遗传资源。多利用地方猪作母本、引进猪种作父本，通过建立 2 个杂交育种模式（二品种杂交育种模式、三品种杂交育种模式），分别进行杂交育种培育。1990—2019 年间，国内共培育了 29 个新品种（配套系），新品种的主要性能见表 9-1。

表 9-1　培育品种主要性能

品　种	产总仔数（初产，头）	产总仔数（经产，头）	日增重（g）	料重比	背膘厚（mm）
南昌白猪	10.28	12.36	651	3.12∶1	24.5
光明猪配套系	9.9	11.2	880.3	2.55∶1	16.7

（续）

品 种	产总仔数 （初产，头）	产总仔数 （经产，头）	日增重（g）	料重比	背膘厚（mm）
深农猪配套系	10.0	11.5	860	2.60∶1	13.7
军牧Ⅰ号白猪	9.42	11.29	718	3.02∶1	24.8
苏太猪	11.68	14.45	623	3.18∶1	23.3
冀合白猪配套系	11.5	13	750	2.92∶1	
大河乌猪	8.49	10.88	680	3.25∶1	26.8
中育猪配套系			900	2.35∶1	12.5
华农温氏Ⅰ号猪		11.1		2.47∶1	13.4
鲁莱黑猪	12.2	14.6	598	3.25∶1	
滇撒猪配套系	9.83	12.86	869	2.88∶1	16.1
鲁烟白猪	10.49	13.02	782	2.57∶1	21.49
鲁农Ⅰ号猪配套系	12.2	14.81		2.99∶1	13.6
渝荣Ⅰ号猪配套系		12.77	827	2.57∶1	
豫南黑猪	10.97	12.34	648.1	2.94∶1	
滇陆猪	9.87	11	782	2.84∶1	
松辽黑猪	10.76	13.5	702	3.03∶1	20.2
苏淮猪		11.69	674	3.07∶1	28.67
天府肉猪配套系	12.08	12.66	862	2.45∶1	15.4
湘村黑猪	11.1	13.3	696.6	3.34∶1	
龙宝Ⅰ号猪配套系		12	603	2.75∶1	29.8
苏姜猪	10.56	13.49	665.6	3.19∶1	28.71
川藏黑猪		12.5		3.15∶1	
晋汾白猪	10.97	13.11	837	2.86∶1	
江泉白猪配套系					
温氏 WS501 猪配套系	12.5	11.5	880	2.45∶1	12.5
吉神黑猪		10.2	618	3.29∶1	26.9
苏山猪	11.2	13.6	786	2.89∶1	27.6
宣和猪	10.8	11.3	771	2.92∶1	

二、直接杂交利用

可以利用国内地方猪繁殖力高、肉质好、耐粗饲、抗病性强等特点，将其与杜洛克、大白、长白或巴克夏猪等进行杂交。相较于新品种和配套系培育，此技术门槛比较低，不需要很强的专业技术支撑和大量的资金投入，可以被中小规模猪场、家庭农场、散户所接受。中大型猪场，也可以根据市场需要，适当采用此技术生产一些商品猪。一些国家级和省级保种场，也可以在完成保种任务后，利用此技术开展快速生产，将商品猪上市销售，在满足消费者对优质猪肉的需求的同时，获得收入以反哺保种场。

20世纪50年代以来，我国开展大量杂交利用，几乎所有地方猪种均有单位利用二元、三元等多种配套模式来生产优质肉，曾经为我国猪肉供应起到积极作用。

三、地方猪遗传资源的产业化开发

为了体现地方猪的优质优价，使养殖地方猪农户和企业受益，一些地方猪龙头企业采取"公司＋基地""公司＋农户"模式，探索了"自繁、自养、自宰、自销"全产业链经营模式，逐步建立了从地方猪种苗、饲养、加工、销售一条龙生产服务体系。生产基地由公司实施统一饲养模式、统一安全质量监控、统一收购屠宰、统一加工销售。

这种利用方式可以提高地方猪生产的规模化、组织化、标准化程度，提高优质猪的生产效率、节约生产成本。同时，发展优质猪屠宰加工，创建品牌，采取连锁、专卖、专营等新型营销形式，地方猪的优质优价得以显现，提高了养殖场户的受益面和受益程度，也促进地方猪产业的增效和农民增收。

还有一些地方猪养殖企业，采取"一体化自育自繁自养模式"。利用饲养猪品种的唯一性，自行建设遗传资源保种场、万头猪扩繁场、育肥基地、饲料加工厂、屠宰加工厂、猪肉专卖店、饭店，还能利用猪文化，将猪肉做成地标产品、文化旅游产品等，将地方猪打造成繁育、养殖、屠宰加工、产品销售于一身的全产业链经营模式。

在洞悉市场对高档优质猪肉的巨大需求后，广东壹号食品有限公司选择了适应性强、杂交性能好的两广小花猪为母本，以产肉效率较高的杜洛克为父本，生产符合消费者需要的优质肉产品，结合专卖经营、品牌打造等多种手段，成功在北、上、广、深等一线城市占有一席之地。目前能繁母猪存栏近5万头，成为国内最大的以地方猪血缘为主的优质肉生产体系，也是我国地方猪种资源保护与开发利用的典范。

第二节　牛的遗传资源开发利用实践

目前，已有10个培育的普通牛品种被列入《中国畜禽遗传资源志·牛志》中，其中专用肉用牛4个，即夏南牛、延黄牛、辽育白牛、云岭牛；肉乳兼用牛5个，即中国西门塔尔牛、中国草原红牛、三河牛、新疆褐牛、蜀宣花牛；乳用牛1个，即中国荷斯坦牛。与原始品种相比，新育成的肉牛品种既保留了地方牛品种肉质好、适应性强的遗传特点，又显现了国外优良品种肉牛体型大、生长速度快、肉质良好等特征。另外，还有两个牦牛培育品种，即大通牦牛和阿什旦牦牛。

总体而言，限于规模和育种水平及当时的主客观因素，这些育成品种（表9-2）尚有进一步选育提高和加大推广的必要。

表 9-2　我国育成的新品种牛遗传背景及审定时间

品　种	主要父本品种	母本品种	审定时间	备注
中国荷斯坦牛	荷斯坦牛	中国地方黄牛	1985	乳用
中国西门塔尔牛	西门塔尔牛	中国本地黄牛	2002	乳肉兼用
中国草原红牛	短角牛	蒙古牛	1985	乳肉兼用
三河牛	西门塔尔牛、西伯利亚牛	蒙古牛	1986	乳肉兼用
新疆褐牛	瑞士褐牛、阿拉托乌牛	哈萨克牛	1983	乳肉兼用
夏南牛	夏洛来牛	南阳牛	2007	肉用
延黄牛	利木赞牛	延边牛	2008	肉用
辽育白牛	夏洛来牛	辽宁本地黄牛	2009	肉用
蜀宣花牛	荷斯坦牛、西门塔尔牛	宣汉牛	2012	乳肉兼用
云岭牛	莫累灰牛、婆罗门牛	云南黄牛	2014	肉用
大通牦牛	野牦牛	家牦牛	2004	肉用
阿什旦牦牛	青海高原牦牛（无角）	青海高原牦牛（无角）	2019	肉用

　　为了提高地方黄牛和牦牛肉用性能，提高选育速度和效果，我国采用了 2 条技术路线培育专门化的肉牛品种，即杂交改良和本品种选育。

一、地方黄牛杂交改良培育肉牛新品种

　　针对我国地方良种黄牛生长速度慢、胴体产肉少、优质牛肉切块率低等缺点，我国先后从国外有针对性地引进了西门塔尔牛、夏洛来牛、利木赞牛、婆罗门牛等肉牛品种开展地方黄牛杂交改良工作。通过配合力测定和后裔测定，筛选优势杂交组合，据此开展杂交育种工作。选择优秀地方黄牛母牛个体，组建核心牛群，以国外专门化肉牛品种为父本，经过二元杂交或三元杂交等杂交创新，横交固定，自群繁育，先后培育出了肉牛新品种夏南牛、延黄牛、辽育白牛、云岭牛 4 个专门化的肉牛品种。

二、地方黄牛本品种肉用选育培育肉牛新品系（种）

　　在"不彻底改造地方黄牛，只是扬长补短，提纯复壮，突出肉用生产性能"基本原则指导下，我国开展了以秦川牛为代表的地方黄牛品种的肉用选育和新品系（种）的培育工作。特别是近年来，以现代生物技术为主导构建的 MOET 育种方案、人工授精育种方案、群选群育开放式育种方案、分子标记辅助选择、全基因组选择育种技术、细胞工程育种等，结合表型选择、生产性能测定等常规育种技术以及计算机技术，建立和完善优质、高产、高效的肉牛良种开放核心群育种体系，明显提高了育种工作的效率和准确性，加快了肉牛肉用新品种的培育进程。西北农林科技大学昝林森教授团队多年来坚持本品种选育，借助现代生物技术手段，已培育出秦川牛肉用新品系 1 个，较传统秦川牛，生长速度和后躯发育明显加强，日增重提高 19.23%，出栏体重提高 21.92%，屠宰率提高 9.39%、净肉率提高 17.37%。经过持续选育提高，扩大优秀个体的规模，提高生产性能稳定性，有望通过本品种选育技术培育成一个肉牛新品种。

三、牦牛杂交改良、定向选育培育牦牛新品种

针对家牦牛生长发育缓慢、生产性能退化等问题，我国早在 20 世纪 70 年代，开始引入了海福特牛、荷斯坦牛、西门塔尔牛等作为父本改良地方牦牛，其杂交一代牛生产性能比其母本牦牛都有大幅度提高。然而，由于杂种一代雄性不育，不能交配自繁，导致杂交一代优势性状不能稳定遗传。经过多年的实践发现，与牦牛属同一种的野牦牛在生长发育速度、适应性、抗逆性等平均遗传水平远高于家牦牛。据此，通过导入野牦牛遗传基因，对家牦牛进行提纯复壮，通过驯化野牦牛、杂交改良、横交固定育种核心群、闭锁繁育、选育提高等阶段，培育出了产肉性能、繁殖性能、抗逆性能远高于家牦牛，体型外貌、毛色高度一致、遗传性能稳定的含 1/2 野牦牛基因的第一个肉用型牦牛新品种——大通牦牛。

随着传统饲养方式的多元化，放牧加补饲、舍饲逐步发展，有角牦牛在规模化和集约化饲养中暴露出了相互伤害、不易采食、破坏圈舍、损坏设施等弊端。为此，科技人员通过选择青海高原牦牛表型为无角的牦牛作为亲本，应用测交和控制近交的方式，有计划地通过建立育种核心群、自群繁育、严格淘汰、选育提高等阶段，集成开放式核心群育种技术体系、四级繁育推广体系、种牛选择鉴定与选种选配技术、无角性状标记辅助选择技术等，系统选育出了无角牦牛品种——阿什旦牦牛。

第三节　羊的遗传资源开发利用实践

目前，我国共有羊品种 167 个，其中绵羊 89 个，包括 44 个地方绵羊品种、32 个培育品种和 13 个引进品种；山羊 78 个，包括 60 个地方品种、12 个培育品种和 6 个引进品种（表 9-3）。地方品种适应性强、数量多，但整体生产性能较低，是我国羊生产的主体，如湖羊、小尾寒羊等由于其高繁殖力的优异特性，也用作新品种培育的素材；引进品种生产性能优异、数量少、价格昂贵，主要用于商业杂交的终端父本和新品种培育；培育品种特性明显、生产力水平高、适应性强，在提高我国羊生产水平和产品品质上发挥了积极作用，也为我国羊产业可持续发展提供了宝贵资源和育种素材。

表 9-3　我国绵羊和山羊培育品种统计表

名称	数量（个）	培育品种名称
绵羊	32	新疆细毛羊、东北细毛羊、内蒙古细毛羊、甘肃高山细毛羊、敖汉细毛羊、中国卡拉库尔羊、中国美利奴羊、云南半细毛羊、新吉细毛羊、巴美肉羊、彭波半细毛羊、凉山半细毛羊、青海毛肉兼用细毛羊、青海高原毛肉兼用细毛羊、鄂尔多斯细毛羊、呼伦贝尔细毛羊、科尔沁细毛羊、乌兰察布细毛羊、兴安毛肉兼用细毛羊、内蒙古半细毛羊、陕北细毛羊、昭乌达肉羊、察哈尔羊、苏博美利奴羊、高山美利奴羊、象雄半细毛羊、鲁西黑头羊、乾华肉用美丽奴羊、戈壁短尾羊、鲁中肉羊、草原短尾羊、黄淮肉羊
山羊	12	陕北白绒山羊、关中奶山羊、崂山奶山羊、南江黄羊、雅安奶山羊、罕山白绒山羊、文登奶山羊、柴达木绒山羊、晋岚绒山羊、云上黑山羊、简州大耳羊、疆南绒山羊

一、新品种培育

地方绵、山羊品种是新品种的重要育种素材。目前我国已培育的绵、山羊新品种基本上是利用地方品种和引进品种两类遗传资源进行简单或复杂育成杂交的方法培育而成的。如苏博美利奴羊是以澳洲美利奴超细型公羊为父本，以中国美利奴羊、新吉细毛羊和敖汉细毛羊等地方品种为母本，采用级进杂交方法，经过杂交、横交和纯繁选育三个阶段培育而成的超细型毛羊新品种。鲁西黑头羊是以杜泊羊作父本、小尾寒羊作母本，经过级进杂交、横交固定及选育提高培育而成的肉用绵羊新品种。

二、直接杂交利用

父本品种主要是选择那些体格较大、生长速度较快、产肉性能好的品种。目前，我国从国外引入的品种大部分都被用来作杂交组合的父本，如无角陶赛特羊、澳洲白、杜泊羊、萨福克羊、特克赛尔羊、南非肉用美利奴羊等品种作为父本品种在改良我国地方品种以及进行肉羊生产方面发挥了重大作用。母本品种主要是选择那些适应性强、母性好、繁殖性能好的品种。在目前的肉羊生产中，一般是选择当地品种或者繁殖力强的品种作为肉羊经济杂交组合的母本。

20 世纪 80 年代以来，我国开展大量杂交利用，多利用二元、三元等多种杂交模式来生产优质羊肉，杂种优势明显，经济效益显著。

三、地方绵山羊品种的产业化开发

地方绵、山羊品种是我国羊生产的主导品种。与其他畜禽品种不同，地方绵、山羊品种在我国羊产业中发挥着主体作用。虽然地方绵、山羊品种在肉用性能上与国外专门化肉用品种存在一定的差距，但在繁殖性能、抗逆性和肉品质等方面具有独特的优势，且对我国相应羊产区的自然环境和饲养管理方式具有良好的适应性。同时，国外引进品种价格昂贵、群体数量有限，且其繁殖性能或适应性远不如地方品种。如湖羊具有早熟、高繁、肉质细嫩、生态幅度大和适于规模舍饲等优异特性，在舍饲和半放牧半舍饲养羊地区得到大面积的推广，是我国目前市场占有率最高的羊品种。

地方绵、山羊品种是特色高端羊产品和极端环境的重要生产资料。随着人民生活水平的不断提高，对优质羔羊肉、羊乳、羊皮、羊绒等特色高端羊产品的需求日益增长。我国地方绵、山羊品种在诸多方面具有其独特的优势，如滩羊具有肉质细嫩、膻味轻、营养丰富等特点，适用于生产高档优质羊肉；湖羊除繁殖力高外，其羔皮具有皮板轻柔、毛色洁白、花纹呈波浪状、花案清晰、光润美观等特点，享有"软宝石"之称，是制作高档羊皮制品的良好原料。另有一些具有保健功能和药膳作用的羊产品也越来越受到青睐，如兰坪乌骨羊的黑色素与乌骨鸡的黑色素相同，具有较高的抗氧化能力，是我国十分珍稀的动物遗传资源，也是生产特色高端羊肉的品种资源。此外，还有部分地方绵、山羊品种对极端环境具有良好的适应性，如藏羊，是我国青藏高原地区主要家畜品种之一，具有独特的生物学特性，对高寒牧区生态环境和粗放饲养管理条件有很强的适应性，是高寒藏区牧民饲养的主体畜种，并在其经济和社会中占有重要地位。

第四节 鸡的遗传资源开发利用实践

（一）地方鸡开发利用方式多样

1. 直接利用地方鸡种生产

各地的绿壳蛋鸡品种（东乡、麻城、长顺等），以及仙居鸡、白耳黄鸡等蛋用型品种均在保种的基础上开展选育与杂交利用。肉鸡品种中，岭南黄鸡3号是以惠阳胡须鸡为育种素材培育而成的。

2. 完全或者基本利用我国地方鸡种资源培育蛋鸡配套系

苏禽绿壳蛋鸡是应用东乡绿壳蛋鸡和如皋黄鸡培育而成的；新杨绿壳蛋鸡终端父本来源于东乡绿壳蛋鸡；栗园油鸡的第一父本为北京油鸡，终端父本和母本均含有北京油鸡血统。

3. 在地方鸡中导入高产蛋鸡或白羽肉鸡血统合成新的蛋鸡或肉鸡新品系

豫粉1号蛋鸡的第一父本和母本均为固始鸡合成系，粤禽黄5号的母本为仙居鸡合成系，欣华2号含有江汉鸡、洪山鸡等地方鸡血统。

4. 利用贵妃鸡培育特色蛋鸡配套系

贵妃鸡虽原产于英国，但引入我国较早，其特殊的外貌和优良的蛋品质类似于地方鸡种，从20世纪90年代开始在我国广泛利用，新杨黑羽蛋鸡和凤达1号蛋鸡均是利用贵妃鸡培育的特色蛋鸡配套系。

（二）品种创新能力增强

地方特色蛋鸡是相对于高产蛋鸡而言的，可以是品种、品系或配套系，如地方鸡品种（系）、地方鸡与高产蛋鸡素材合成的新品种（系）、地方鸡与高产蛋鸡素材育成的配套系等。黄羽肉鸡相对于快大型白羽肉鸡而言，以我国地方品种遗传资源为主，可以是纯地方鸡品种（系），或经杂交选育后生产性能得到提升的黄羽肉鸡新品系。通过国家审定蛋鸡和肉鸡配套系80个，其中国家审定的部分地方特色蛋鸡配套系8个（表9-4），部分黄羽肉鸡配套系57个（表9-5）。

表9-4 我国自主培育的部分地方特色蛋鸡品种

序号	配套系名称	培育单位	审定时间
1	新杨绿壳蛋鸡	上海家禽育种有限公司、中国农业大学、国家家禽工程技术研究中心	2010.11
2	苏禽绿壳蛋鸡	江苏省家禽科学研究所、扬州翔龙禽业发展有限公司、中国农业大学	2013.8
3	粤禽皇5号蛋鸡	广东粤禽业有限公司、广东粤禽育种有限公司	2014.12
4	新杨黑羽蛋鸡	上海家禽育种有限公司	2015.4
5	豫粉1号蛋鸡	河南农业大学、河南三高农牧股份有限公司、河南省畜牧总站	2015.12

（续）

序号	配套系名称	培育单位	审定时间
6	栗园油鸡蛋鸡	中国农业科学院北京畜牧兽医研究所、北京百年栗园生态农业有限公司、北京百年栗园油鸡繁育有限公司	2016.8
7	凤达1号蛋鸡	荣达禽业股份有限公司、安徽农业大学	2016.8
8	欣华2号蛋鸡	湖北欣华生态畜禽开发有限公司、华中农业大学	2016.8

表 9-5　利用地方品种资源培育的部分黄羽肉鸡配套系

序号	配套系名称	主要培育单位	审定时间
1	康达尔黄鸡128	深圳市康达尔（集团）养鸡有限公司	1999
2	江村黄鸡JH-2号	广州市江丰实业股份有限公司	2002
3	江村黄鸡JH-3号	广州市江丰实业股份有限公司	2002
4	新兴矮脚黄鸡	广东温氏食品集团有限公司	2002
5	新兴黄鸡Ⅱ号	广东温氏食品集团有限公司	2002
6	岭南黄鸡Ⅰ号	广东省农业科学院畜牧研究所	2003
7	岭南黄鸡Ⅱ号	广东省农业科学院畜牧研究所	2003
8	京星黄羽肉鸡100	中国农业科学院北京畜牧兽医研究所	2003
9	京星黄羽肉鸡102	中国农业科学院北京畜牧兽医研究所	2003
10	邵伯鸡	中国农业科学院家禽研究所	2005
11	鲁禽1号麻鸡	山东省农业科学院家禽研究所	2006
12	鲁禽3号麻鸡	山东省农业科学院家禽研究所	2006
13	文昌鸡	海南省农业厅	2006
14	新兴竹丝鸡3号	广东温氏南方家禽育种有限公司	2007
15	新兴麻鸡4号	广东温氏南方家禽育种有限公司	2007
16	粤禽皇2号	广东粤禽育种有限公司	2008
17	粤禽皇3号	广东粤禽育种有限公司	2008
18	京海黄鸡	江苏京海禽业集团有限公司	2009
19	良凤花鸡	南宁市农牧有限公司	2009
20	皖南黄鸡	安徽华大生态农业科技有限公司	2009
21	皖南青脚鸡	安徽华大生态农业科技有限公司	2009
22	皖江黄鸡	安徽华卫集团禽业有限公司	2009
23	皖江麻鸡	安徽华卫集团禽业有限公司	2009
24	雪山鸡	常州市立华畜禽有限公司	2009
25	苏禽黄鸡2号	江苏省家禽科学研究所	2009
26	金陵黄鸡	广西金陵养殖有限公司	2009
27	金陵麻鸡	广西金陵养殖有限公司	2009
28	墟岗黄鸡1号	鹤山市墟岗黄畜牧有限公司	2009

（续）

序号	配套系名称	主要培育单位	审定时间
29	岭南黄鸡 3 号	广东智威农业科技股份有限公司	2010
30	金钱麻鸡 I 号	广东宏基种禽有限公司	2009
31	大恒 699 肉鸡	四川大恒家禽育种有限公司	2010
32	南海黄麻鸡 1 号	佛山市南海种禽有限公司	2010
33	弘香鸡	佛山市南海种禽有限公司	2010
34	新广铁脚麻鸡	佛山市高明区新广农牧有限公司	2010
35	新广黄鸡 K996	佛山市高明区新广农牧有限公司	2010
36	凤翔青脚麻鸡	广西凤祥集团畜禽食品有限公司	2011
37	凤翔乌鸡	广西凤祥集团畜禽食品有限公司	2011
38	五星黄鸡	安徽五星食品股份有限公司	2011
39	振宁黄鸡	宁波市振宁牧业有限公司	2012
40	潭牛鸡	海南（潭牛）文昌鸡股份有限公司	2012
41	金种麻黄鸡	惠州市金种家禽发展有限公司	2012
42	三高青脚黄鸡 3 号	河南三高农牧股份有限公司	2013
43	光大梅黄 1 号肉鸡	浙江光大种禽业有限公司	2014
44	天露黄鸡	广东温氏食品集团股份有限公司	2014
45	天露黑鸡	广东温氏食品集团股份有限公司	2014
46	天农麻鸡	广东天农食品有限公司	2015
47	科朗麻黄鸡	台山市科朗现代农业有限公司	2015
48	温氏青脚麻鸡 2 号	广东温氏食品集团股份有限公司	2015
49	金陵花鸡	广西金陵农牧集团有限公司	2015
50	京星黄鸡 103 配套系	中国农业科学院北京畜牧兽医研究所、北京百年栗园生态农业有限公司	2016
51	黎村黄鸡配套系	广西祝氏农牧有限责任公司	2016
52	鸿光黑鸡配套系	广西鸿光农牧有限公司	2016
53	参皇鸡 1 号配套系	广西参皇养殖集团有限公司、广西壮族自治区畜牧研究所	2016
54	鸿光麻鸡	广西鸿光农牧有限公司、江苏省家禽科学研究所、广西壮族自治区畜牧研究所、广西大学	2018
55	天府肉鸡	四川农业大学、四川邦禾农业科技有限公司	2018
56	海扬黄鸡	江苏京海禽业集团有限公司、扬州大学、江苏省畜牧总站	2018
57	金陵黑凤鸡	广西金陵农牧集团有限公司、中国农业科学院北京畜牧兽医研究所	2019

（三）品种特色鲜明

就地方特色蛋鸡而言，地方鸡血统均不低于 37.5%，最高为 100%，完全地方鸡杂交配套。从品种类型看，绿壳蛋鸡品种有 2 个（苏禽绿壳蛋鸡和新杨绿壳蛋鸡），花凤类型蛋鸡有 2 个（新杨黑羽蛋鸡和凤达 1 号蛋鸡），其他 4 个均为矮小型蛋鸡品种，除绿壳蛋鸡品种外，其他品种均产粉壳蛋。从体型外貌看，除新杨绿壳蛋鸡和凤达 1 号蛋鸡为青脚白羽外，其他均为黄羽、黄麻羽、黑羽等地方鸡外貌特征，淘汰老鸡经济收益较高，有的甚至可以与育成期饲养成本持平。从生产性能看，72 周龄产蛋数差异较大，在 220～280 个，平均蛋重在 50 g，蛋黄比例大，蛋白黏稠，蛋壳光泽好，更符合我国居民消费习惯，满足多元化市场消费需求（表 9 - 6）。

表 9 - 6　地方特色蛋鸡品种特点与生产性能

品种	苏禽绿壳蛋鸡	新杨绿壳蛋鸡	欣华 2 号蛋鸡	栗园油鸡蛋鸡	粤禽皇 5 号蛋鸡	豫粉 1 号蛋鸡	新杨黑羽蛋鸡	凤达 1 号蛋鸡
特点	地方鸡种 100%	地方鸡种 50%	黄羽矮小，地方鸡血统 75%	黄羽矮小，地方鸡血统 56.25%	黄羽白尾矮小，地方鸡血统 37.5%	青脚麻羽矮小，地方鸡血统 37.5%	贵妃鸡血统 50%	贵妃鸡血统 50%
72 周龄体重（g）	1 505.0	1 461.9	1 404.0	1 740.0	1 437.6	1 248.0	1 778.3	1 564.0
开产日龄（d）	145	153	151	159	145	152	144	145
72 周龄产蛋数（HH，个）	221.0	256.0	258.7	234.0	234.0	229.0	287.1	280.1
平均蛋重（g）	45.7	53.2	50.4	52.0	49.2	51.0	49.5	50.8
产蛋期料蛋比	3.36 : 1	2.55 : 1	2.50 : 1	2.72 : 1	2.70 : 1	2.49 : 1	2.46 : 1	2.40 : 1

附　　录

附录 1　畜禽遗传资源现行标准体系

序号	标准号	标准名称	起草单位	人　员
一	畜禽遗传资源保护标准			
（一）	基础标准			
1	GB/T 36189—2018	畜禽品种标准编制导则 猪	全国畜牧总站、华中农业大学	刘榜、赵小丽、向胜男、武玉波、于福清、王树君、彭中镇、王荃、李竞前
2	GB/T 36177—2018	畜禽品种标准编制导则 家禽	全国畜牧总站、江苏省家禽科学研究所	赵小丽、李慧芳、宋卫涛、王荃、徐文娟、刘宏祥、顾华兵、朱春红、陶志云、章双杰、王树君、武玉波、李竞前
3	GB/T 27534.1—2011	畜禽遗传资源调查技术规范 第 1 部分：总则	全国畜牧总站、农业部畜牧业司	王志刚、郑友民、刘丑生、谢双红、王俊勋、邓荣臻、王健、邓兴照、孙秀柱、于福清
4	GB/T 27534.2—2011	畜禽遗传资源调查技术规范 第 2 部分：猪	全国畜牧总站、农业部畜牧业司	郑友民、刘丑生、谢双红、王志刚、关龙、于福清、孙秀柱、薛明、韩旭
5	GB/T 27534.3—2011	畜禽遗传资源调查技术规范 第 3 部分：牛	全国畜牧总站、中国农业科学院北京畜牧兽医研究所、农业部畜牧业司	刘丑生、王志刚、许尚忠、孙秀柱、邓兴照、张金松、郑友民、关龙
6	GB/T 27534.4—2011	畜禽遗传资源调查技术规范 第 4 部分：绵羊	全国畜牧总站、农业部畜牧业司	刘丑生、郑友民、王志刚、孙秀柱、邓荣臻、刘长春、张金松、薛明、韩旭
7	GB/T 27534.5—2011	畜禽遗传资源调查技术规范 第 5 部分：山羊	全国畜牧总站、农业部畜牧业司	王志刚、刘丑生、王俊勋、孙秀柱、张金松、刘长春、于福清、韩旭
8	GB/T 27534.6—2011	畜禽遗传资源调查技术规范 第 6 部分：马（驴）	全国畜牧总站、扬州大学	王志刚、于福清、常洪、刘丑生、孙秀柱、刘长春、张金松
9	GB/T 27534.7—2011	畜禽遗传资源调查技术规范 第 7 部分：骆驼	全国畜牧总站	刘丑生、孙秀柱、王志刚、郑友民、刘长春、于福清、张金松、关龙
10	GB/T 27534.8—2011	畜禽遗传资源调查技术规范 第 8 部分：家兔	全国畜牧总站	于福清、郑友民、刘丑生、王志刚、孙秀柱、刘长春、张金松、关龙、韩旭

（续）

序号	标准号	标准名称	起草单位	人员
11	GB/T 27534.9—2011	畜禽遗传资源调查技术规范 第 9 部分：家禽	全国畜牧总站、中国农业科学院家禽研究所、农业部畜牧业司	王志刚、陈宽维、郑友民、刘丑生、于福清、王健、孙秀柱、关龙、韩旭、薛明
12	GB/T 25170—2010	畜禽基因组 BAC 文库构建与保存技术规程	中国农业科学院北京畜牧兽医研究所	关伟军、马月辉、刘长青、潘春留、刘洪坤、甫亚斌、余露露
13	GB/T 24862—2010	畜禽体细胞库检测技术规程	中国农业科学院北京畜牧兽医研究所	马月辉、关伟军、李向臣、于太永、李晗、何晓红、刘涛
14	GB/T 25168—2010	畜禽 cDNA 文库构建与保存技术规程	中国农业科学院北京畜牧兽医研究所	马月辉、关伟军、陆涛峰、李向臣、佟春玲、余露露、刘鹏
15	GB/T 24863—2010	畜禽细胞体外培养与保存技术规程	中国农业科学院北京畜牧兽医研究所	关伟军、马月辉、李向臣、李晗、闫雷、赵倩君、宫雪莲
16	NY/T 1673—2008	畜禽微卫星 DNA 遗传多样性检测技术规程	全国畜牧总站	郑友民、张桂香、刘丑生、王志刚、于福清、孙秀柱、孙飞舟、赵俊金
17	NY/T 1898—2010	畜禽线粒体 DNA 遗传多样性检测技术规程	全国畜牧总站	王志刚、刘丑生、邱小田、张桂香、韩旭、于福清、孙飞舟
18	NY/T 2995—2016	家畜遗传资源濒危等级评价	中国农业科学院北京畜牧兽医研究所	何晓红、马月辉、关伟军、李向臣、赵倩君、浦亚斌、付宝玲
19	NY/T 2996—2016	家禽遗传资源濒危等级评定	中国农业科学院北京畜牧兽医研究所	关伟军、马月辉、何晓红、赵倩君、浦亚斌、李向臣、傅宝玲
20	NY/T 3460—2019	家畜遗传资源保护区保种技术规范	全国畜牧总站、内蒙古自治区家畜改良工作站、江苏省畜牧总站、云南省家畜改良工作站	刘丑生、刘刚、于福清、掌子凯、赵俊金、朱芳贤、韩旭、薛明、潘雨来、呼格吉勒图、袁跃云
21	NY/T 3450—2019	家畜遗传资源保种场保种技术规范 第 1 部分：总则	全国畜牧总站、中国农业大学	刘丑生、杨洪杰、张勤、朱芳贤、刘刚、赵俊金、韩旭、孟飞、徐杨、陆健
22	NY/T 3451—2019	家畜遗传资源保种场保种技术规范 第 2 部分：猪	全国畜牧总站、四川省畜牧总站	刘刚、刘丑生、刁运华、赵俊金、刘桂珍、曾仰双、朱芳贤、韩旭、陆健、孟飞
23	NY/T 3452—2019	家畜遗传资源保种场保种技术规范 第 3 部分：牛	全国畜牧总站、云南省家畜改良工作站、西藏自治区畜牧总站	朱芳贤、刘丑生、袁跃云、赵俊金、刘刚、普布扎西、孟飞、许海涛、韩旭

（续）

序号	标准号	标准名称	起草单位	人　员
24	NY/T 3453—2019	家畜遗传资源保种场保种技术规范第4部分：绵羊、山羊	全国畜牧总站	刘丑生、刘刚、朱芳贤、韩旭、许海涛、赵俊金、孟飞、陆健、冯海永
25	NY/T 3454—2019	家畜遗传资源保种场保种技术规范第5部分：马、驴	全国畜牧总站、中国农业大学	刘丑生、刘刚、赵春江、孟飞、韩旭、赵俊金、朱芳贤、冯海永、许海涛
26	NY/T 3455—2019	家畜遗传资源保种场保种技术规范第6部分：骆驼	全国畜牧总站、内蒙古自治区家畜改良工作站	赵俊金、刘丑生、呼格吉勒图、刘刚、韩旭、朱芳贤、陆健、孟飞、何丽、冯海永
27	NY/T 3456—2019	家畜遗传资源保种场保种技术规范第7部分：家兔	全国畜牧总站、江苏省畜牧总站、四川省畜牧科学研究院	刘丑生、朱满兴、唐良美、刘刚、韩旭、朱芳贤、赵俊金、何丽、陆健、孟飞、冯海永、许海涛
28	NY/T 1901—2010	鸡遗传资源保种场保护技术规范	中国农业科学院北京畜牧兽医研究所、江苏省家禽科学研究所、全国畜牧总站	陈继兰、陈宽维、王克华、文杰、王志刚、于福清、赵桂苹、郑麦青
29	NY/T 820—2004	种猪登记技术规范	农业部种猪质量监督检验测试中心（广州）、农业部种猪质量监督检验测试中心（武汉）、广东省板岭原种猪场、广东省东莞食品进出口公司大岭山猪场	吴秋豪、倪德斌、刘小红、张国杭、李珍泉、李炳坤
30	NY/T 823—2020	家禽生产性能名词术语和度量计算方法	江苏省家禽科学研究所、农业农村部家禽品质监督检验测试中心（扬州）	高玉时、陆俊贤、邹剑敏、唐修君、贾晓旭、樊艳凤、葛庆联、陈宽维、李慧芳、刘茵茵、张静、卜柱、顾荣、陈大伟
31	NY/T 1562—2007	纯血马登记	中国农业大学马研究中心、中国马业协会	韩国才、杜玉川、吴克亮、赵春江、喇翠芳、杜丹、周媛
32	NY/T 1900—2010	畜禽细胞与胚胎冷冻保种技术规范	全国畜牧总站	刘丑生、王志刚、赵俊金、史建民、孟飞、于福清、孙飞舟、邱小田
（二）	畜禽品种标准			
1	猪			
1.1	GB/T 8475—1987	三江白猪	黑龙江省农垦科学院红兴隆所	
1.2	GB/T 8130—2006	太湖猪	江苏省畜牧兽医总站、南京农业大学、扬州大学、江苏省农科院、苏州市畜牧兽医站、无锡市畜牧兽医站、昆山市畜牧兽医站、江苏农林职业技术学院、常熟市畜禽良种场、锡山市种猪场、常熟市家畜改良站、昆山市种猪场、浙江省畜牧管理站	许秀平、王林云、孙宏进、经荣斌、王勇、葛云山、陆耿胜、张建生、肖玉琪、孙元鳞、钱利增、李定国、余良保、胡培全、戴志刚、陆建定

（续）

序号	标准号	标准名称	起草单位	人员
1.3	GB/T 8472—2008	北京黑猪	北京市农林科学院畜牧兽医研究所、北京世新华盛牧业科技有限公司	季海峰、谢蜀杨、王红卫、徐菁、石国华、杨洪平、单达聪、王四新、黄建国、张董燕、王雅民
1.4	GB/T 8473—2008	上海白猪	上海市农业科学院畜牧兽医研究所	曹建国、张忠明、张佩华、张似青
1.5	GB/T 8477—2008	浙江中白猪	浙江省农业科学院畜牧兽医研究所	胡锦平、翁经强、徐如海、褚晓红、黄少珍
1.6	GB/T 22283—2008	长白猪种猪	中国农业大学、广东省中山食品进出口公司白石猪场、浙江省杭州市种猪试验场、天津市宁河原种猪场、湖北省畜牧良种场	王爱国、陈健雄、李振宽、王家圣、赵大川
1.7	GB/T 22284—2008	大约克夏猪种猪	华南农业大学、北京市农业局、农业部种猪质量监督检验测试中心（广州）、广东省东莞食品进出口公司塘厦猪场、广东省中山食品进出口公司白石猪场	陈瑶生、梅克义、李加琪、吴秋毫、孙奕南、陈健雄
1.8	GB/T 22285—2008	杜洛克猪种猪	中国农业大学、北京养猪育种中心、河南省国营正阳原种猪场、广东省板岭原种猪场、湖北省三湖种畜育种公司	王爱国、马振强、张建远、李炳坤、何信龙
1.9	GB/T 8476—2008	湖北白猪	华中农业大学、湖北省农业科学院畜牧兽医研究所、农业部种猪质量监督检验测试中心（武汉）	熊远著、陈廷济、倪德斌、邓昌彦、刘望宏、雷明刚、梅书棋、左波、胡军勇、帅启义、任竹青、徐德全
1.10	GB/T 2417—2008	金华猪	金华市农业科学研究院、金华市畜牧兽医站、浙江金华加华种猪有限公司（原浙江省金华种猪场）、金华职业技术学院、东阳市良种场	项云、王伟、骆炳汉、陶志伦、华坚青、谭广潮、吴春金、王世荣
1.11	GB 2418—2003	内江猪	四川省畜禽繁育改良总站、四川省内江市畜牧食品局、四川省内江市种猪场、四川省内江市东兴区畜牧食品局、四川省内江市东兴区种猪场、四川省内江市资中县畜牧食品局、四川省资阳市雁江区畜牧食品局	刁运华、林小伟、曾仰双、李荣强、李晏群
1.12	GB/T 2773—2008	宁乡猪	湖南农业大学、湖南省畜牧水产局、宁乡县畜牧水产局	张彬、蓝牧、李丽立、罗运泉、薛立群、邓厚泉、黄庚保、高凤仙、陈宇光
1.13	GB/T 7223—2008	荣昌猪	重庆市畜牧科学院	郭宗义、王金勇、朱丹、魏文栋
1.14	GB/T 24697—2009	湘西黑猪	湖南农业大学、湖南省畜牧水产局	张彬、罗运泉、陈宇光、肖定福、陈志军、兰欣怡、张安福、杨金波、祁世友
1.15	GB/T 32763—2016	藏猪	中国农业大学、西藏自治区畜牧总站、西藏大学农牧学院、云南农业大学、甘肃农业大学	张浩、德吉拉姆、强巴央宗、严达伟、赵生国、蔡原、卓嘎、苟潇、商鹏、李庆岗、张博、王志秀、占堆

（续）

序号	标准号	标准名称	起草单位	人　员
1.16	GB/T 34753—2017	鲁莱黑猪	莱芜市畜牧兽医局、得利斯集团有限公司、莱芜市莱芜猪原种场、莱芜市种猪繁育场、得利斯（莱芜）畜牧科技有限公司	魏述东、郑乾坤、曹洪防、孙延晓、徐云华、沈彦锋、李敏、刘效全
1.17	GB/T 35567—2017	鲁农1号猪配套系	山东省农业科学院畜牧兽医研究所、山东省莱芜市畜牧兽医局	武英、呼红梅、魏述东、郭建凤、王继英、王彦平、王诚、王怀中、林松、成建国、伊惠、张印、周开锋、黄洁、朱荣生、张琳
1.18	GB/T 36183—2018	大花白猪	中山大学、华南农业大学、新丰板岭原种猪场	刘小红、李加琪、李岩、陈瑶生、王敬军、胡毅军
1.19	GB/T 36180—2018	鲁烟白猪	山东省农业科学院畜牧兽医研究所、莱州市畜牧兽医站	武英、呼红梅、郭建凤、王诚、蔺海朝、刘雪萍、王继英、王彦平、张印、王怀中、林松、成建国、朱荣生、赵雪艳、黄洁、伊惠、张琳
1.20	NY/T 807—2004	苏太猪	苏州市苏太猪育种中心、江苏省畜牧兽医总站、江苏省苏太猪育种中心、苏州市畜禽良种实验场	王子林、钱鹤亮、黄雪根、华金弟
1.21	NY/T 808—2004	香猪	贵州省畜禽品种改良站、贵州大学、贵州省畜牧兽医研究所、贵州省畜禽良种场、从江县农业局、榕江县农业局、剑河县农业局	廖正录、刘培琼、张芸、王春凤、王盛芳、申学林、李永松、杨秀江、韦胜权、韦骏、罗平、张懿、刘杨、张启林、燕志宏、邱小田
1.22	NY/T 2824—2015	五指山猪	中国农业科学院北京畜牧兽医研究所、海南省农业科学院畜牧兽医研究所	杨述林、牟玉莲、冯书堂、谭树义、李奎、王峰、辛磊磊
1.23	NY/T2763—2015	淮猪	安徽省畜牧技术推广总站、安徽农业大学、江苏省畜牧总站、国营江苏省东海种畜场、定远县种畜场、江苏省农业科学院畜牧研究所、河南科技大学	陈宏权、谢俊龙、郑久坤、朱满兴、任同苏、熊明雨、任守文、庞有志、潘雨来、陈华、郑守智、李凯、郭强
1.24	NY/T 3183—2018	圩猪	安徽省畜牧技术推广总站、安徽农业大学、芜湖市畜牧兽医局、安徽省农业科学院畜牧兽医研究所、安徽安泰农业集团、芜湖三利养殖有限公司	殷宗俊、谢俊龙、张晓东、郑久坤、杨艳丽、丁月云、许家玉、杨勇、查伟、李庆岗、孙祯保、陶绍起、李益柏、樊金汉、周家斌
1.25	NY/T 2823—2015	八眉猪	西北农林科技大学、甘肃农业大学、全国畜牧总站、中国农业大学	杨公社、滚双宝、薛明、孙世铎、姜天团、傅金銮、杨渊
1.26	NY/T 2956—2016	民猪	东北农业大学、兰西县种猪场、辽宁省家畜家禽遗传资源保存利用中心、全国畜牧总站	王希彪、崔世泉、王亚波、宋恒元、狄生伟、蔡建成、薛明、杨渊
1.27	NY/T 2993—2016	陆川猪	全国畜牧总站、陆川县水产畜牧局、广西大学等	黄瑞华、薛明、江永强、丘毅、何若钢、黄俊荣、陈琨飞、梁文全、陈清林、牛清、汪涵、周波、杨渊

（续）

序号	标准号	标准名称	起草单位	人员
1.28	NY/T 2825—2015	滇南小耳猪	全国畜牧总站、云南农业大学动物科学技术学院、云南邦格农业集团有限公司、云南省家畜改良工作站	于福清、苟潇、严达伟、袁跃云、鲁绍雄、孙利民、李志刚、赵桂英、李国治、杨舒黎、张宇文、何爱华
1.29	NY/T 2826—2015	沙子岭猪	湘潭市畜牧兽医水产局、全国畜牧总站、湖南农业大学、湘潭市家畜育种站、湘潭飞龙牧业有限公司	吴买生、刘彬、张彬、左晓红、薛立群、向拥军、刘伟、刘传芳、李朝晖、张善文
1.30	NY/T 3053—2016	天府肉猪	四川农业大学、四川铁骑力士牧业科技有限公司、全国畜牧总站、四川省畜牧总站	李学伟、姜延志、朱砺、唐国庆、李明洲、帅素容、冯光德、陈方琴、郑德兴、于福清、赵小丽、刁运华、曾仰双
2	牛			
2.1	GB/T 3157—2008	中国荷斯坦牛	中国农业大学、中国奶业协会	张沅、张勤、孙东晓、王雅春、张胜利、陆耀华、田雨泽、石万海
2.2	GB/T 5946—2010	三河牛	内蒙古自治区家畜改良站、呼伦贝尔市畜牧工作站、海拉尔农牧场管理局	高雪峰、李疆、李忠书、包利锋、王玉、陈巴特尔、刘爱荣、乌恩旗、吴宏军、谭瑛、初永春
2.3	GB/T 27986—2011	摩拉水牛种牛	广西壮族自治区水牛研究所	黄锋、黄加祥、郑威、陈明棠、熊小荣、诸葛莹、方文远、李忠权、赵朝步、潘玉红、罗华、杨炳壮
2.4	GB/T 27987—2011	尼里-拉菲水牛种牛	广西壮族自治区水牛研究所、广西壮族自治区质量技术监督局、广西大学	杨炳壮、黄锋、张永丽、郑威、陈明棠、熊小荣、李忠权、梁辛、邹隆树、杨膺白、罗松、赵朝步、罗华、潘玉红
2.5	GB/T 2415—2008	南阳牛	南阳市黄牛良种繁育场、南阳市黄牛研究所、西北农林科技大学	李敬铎、王冠立、王鹏、孙志和、王玉海、郑应志、昝林森、耿繁军、张玉才、曾庆勇、丁显清、陈冠、刘德奇、王晓
2.6	GB/T 19166—2003	中国西门塔尔牛	中国农业科学院畜牧研究所	陈幼春、许尚忠、李宝泰、刘绳吾、李俊雅、任红艳、王雅春
2.7	GB/T 19374—2003	夏洛来种牛	全国畜牧兽医总站、河南省纯种肉牛繁育中心、吉林省长春优质肉牛繁育中心、辽宁省肉牛繁育中心	徐桂芳、耿繁军、宋业武、张喜凡、张金松、苏银池
2.8	GB/T 19375—2003	利木赞种牛	全国畜牧兽医总站、河北省畜牧良种服务中心、山东省畜禽繁育推广中心、河南省纯种肉牛繁育中心、辽宁省肉牛繁育中心	徐桂芳、倪俊卿、李玉仁、张金松、耿繁军、张喜凡
2.9	GB/T 29390—2012	夏南牛	河南省泌阳县畜牧局、河南省畜禽改良站、河南省泌阳县质量技术监督局	祁兴磊、谢凤鸣、高万象、王建华、赵太宽、王之保、茹宝瑞、刘太宇、张国柱、林凤鹏、冯建申、齐文杰

（续）

序号	标准号	标准名称	起草单位	人　员
2.10	GB/T 32133—2015	延边牛	延边州畜牧总站、延边州畜牧业管理局、延边大学农学院、延边畜牧开发集团有限公司	张继川、严昌国、姜成国、李均笃、高见红、李作臣、吕爱辉、李玉林、金明山、张颖、李景环、金龙福、金花子、袁晓东、全世元、张秀荣、周庆彬、李钟淑、柳海星
2.11	GB/T 24865—2010	麦洼牦牛	四川省畜禽繁育改良总站、西南民族大学、红原县畜牧局、阿坝州畜禽繁育改良站	王建文、傅昌秀、文勇立、王天富、张大维
2.12	GB/T 32765—2016	渤海黑牛	山东省农业科学院畜牧兽医研究所、滨州市畜牧兽医局、山东省渤海黑牛原种场	宋恩亮、刘桂芬、王者勇、杜高唐、刘晓牧、刘倚帆、万发春、田茂俊、王芳、游伟、成海建、张涛、张宝珩、孟维彬
2.13	GB/T 5797—2003	秦川牛	陕西省畜牧兽医总站、西北农林科技大学	高联政、刘收选、原积友、昝林森、刘文、王科、邱昌功
2.14	NY/T 2828—2015	蜀宣花牛	四川省畜牧科学研究院、全国畜牧总站、四川省畜牧总站、宣汉县畜牧食品局	王淮、付茂忠、易军、易礼胜、林胜华、石长庚、王巍、唐慧、甘佳、王荃、李自成、赵益元
2.15	NY/T 22—1986	新疆褐牛	新疆维吾尔自治区畜牧厅、新疆维吾尔自治区奶牛协会	吴蓬春、黄安华
2.16	NY/T 24—1986	中国草原红牛	草原红牛育种协作组和育种委员会	佟元贵、栗佩瑜、李钰、张秉全
2.17	NY/T 2829—2015	甘南牦牛	中国农业科学院兰州畜牧与兽药研究所、全国畜牧总站、甘南藏族自治州畜牧科学研究所	梁春年、赵小丽、阎萍、杨勤、郭宪、包鹏甲、丁学智、王宏博、裴杰、褚敏、朱新书
2.18	NY/T 1659—2008	天祝白牦牛	中国农业科学院兰州畜牧与兽药研究所、甘肃省天祝白牦牛育种实验场	阎萍、梁育林、梁春年、郭宪、张海明、高雅琴、曾玉峰、裴杰、潘和平
2.19	NY/T 1658—2008	大通牦牛	中国农业科学院兰州畜牧与兽药研究所、青海省大通种牛场	阎萍、陆仲璘、何晓林、杨博辉、高雅琴、郭宪、梁春年、曾玉峰
2.20	NY/T 3447—2019	金川牦牛	四川省畜牧总站、金川县畜牧兽医服务中心、西南民族大学、四川省草原科学研究院、四川省龙日种畜场	李强、文勇立、侯定超、曹伟、李善容、谢荣清、罗光荣、官久强、安德科、杨嵩、杨舒慧、洪宁
3	羊			
3.1	GB/T 2426—1981	新疆细毛羊	新疆维吾尔自治区畜牧厅、巩乃斯种羊场、新疆八一农学院	
3.2	GB/T 19376—2003	波尔山羊种羊	全国畜牧兽医总站、江苏省畜牧兽医总站、四川省畜禽繁育改良总站、山东省畜牧兽医总站	张金松、钱鹤良、周光明、臧胜斌、曲绪仙
3.3	GB/T 4631—2006	湖羊	浙江省畜牧管理总站、浙江大学动物科学学院、浙江省桐乡市畜牧工作站、浙江余杭湖羊场	戴旭明、周一新、周仲儿、林嘉、俞坚群、肖玉琪、张有法、徐文杰、朱阿权、汪溪念

（续）

序号	标准号	标准名称	起草单位	人员
3.4	GB/T 3822—2008	乌珠穆沁羊	内蒙古自治区农牧业厅、内蒙古自治区家畜改良工作站、锡林郭勒盟畜牧工作站、东乌珠穆沁旗畜牧工作站、西乌珠穆沁旗畜牧工作站	那达木德、呼格吉勒图、康凤祥、陈巴特尔、斯琴朝克图、佟玉林、牛成福、刘晓芳、石满恒、张萍、刘燕、德庆哈拉、鄂志荣
3.5	GB/T 22909—2008	小尾寒羊	山东省畜牧总站	唐建俊、曲绪仙、王建民、王卫国、国庆坤
3.6	GB/T 22912—2008	马头山羊	湖北省十堰市畜牧兽医局、湖北省十堰市质量技术监督局、华中农业大学动物科学学院、湖北省畜牧兽医局、湖北省质量技术监督局、湖北省农业科学院畜牧兽医研究所、湖北省郧西县畜牧兽医局、湖北省竹山县畜牧兽医局	闻群英、杨利国、张作仁、李建平、罗锦平、熊金洲、余礼奎、陶克艳、王琦、陈明新、后家根、曹钟鑫、林勇、刘文津、戴猛
3.7	GB/T 2416—2008	东北细毛羊	吉林省农业科学院畜牧分院	赵玉民、杨德新、付蓉、张明新、张云影、李铭学、褚世玉、陈树春、孙福余
3.8	GB/T 3823—2008	中卫山羊	宁夏回族自治区畜牧工作站、宁夏农林科学院畜牧兽医研究所、宁夏大学农学院、宁夏中卫山羊选育场、宁夏回族自治区中卫县畜牧局、宁夏回族自治区同心县畜牧局、宁夏回族自治区海原县畜牧局	龚卫红、龚玉琴、席永平、周玉香、许斌、陈亮、田黛君、黄红卫、李文波、苏俊秀、马兴海、吴权江、贾第龄
3.9	GB/T 2033—2008	滩羊	宁夏回族自治区畜牧工作站、宁夏农林科学院畜牧兽医研究所、中国农科院兰州畜牧与兽医研究所、宁夏盐池滩羊选育厂、宁夏回族自治区同心县畜牧局、宁夏回族自治区盐池县畜牧局、宁夏回族自治区灵武市畜牧局、宁夏回族自治区中卫县畜牧局	龚卫红、陈亮、龚玉琴、张东弧、黄红卫、许斌、扬冲、杨风宝、杨正义、谢永宁
3.10	GB/T 25167—2010	新吉细毛羊	吉林省农业科学院、新疆维吾尔自治区畜牧科学院、新疆农垦科学院	张明新、王春昕、王伟琪、柳楠、史梅英、石国庆、田可川、杨永林、倪建宏、胡向荣
3.11	GB/T 25242—2010	敖汉细毛羊	内蒙古自治区家畜改良工作站、赤峰市家畜改良工作站、敖汉种羊场、敖汉旗家畜改良工作站	高雪峰、胡大君、王海龙、张富、李树果、王国义、褚凤桐、苗玉华、李忠书、陈巴特尔
3.12	GB/T 25243—2010	甘肃高山细毛羊	农业部动物毛皮及制品质量监督检验测试中心（兰州）、中国农业科学院兰州畜牧与兽药研究所、甘肃省皇城绵羊育种试验场	牛春娥、李伟、杨博辉、高雅琴、郭健、李文辉、王凯、郭天芬、席斌、杜天庆、王宏博、李维红、黄殿选、梁丽娜、常玉兰

（续）

序号	标准号	标准名称	起草单位	人员
3.13	GB/T 26613—2011	呼伦贝尔羊	内蒙古自治区家畜改良工作站、内蒙古自治区呼伦贝尔市畜牧工作站	高雪峰、李疆、李忠书、康凤祥、王玉、包利锋、陈巴特尔、苏义勒图
3.14	GB/T 4630—2011	辽宁绒山羊	辽宁省辽宁绒山羊原种场	宋先忱、张世伟
3.15	GB/T 30959—2014	河西绒山羊	中国农业科学院兰州畜牧与兽药研究所、农业部动物毛皮及制品质量监督检验测试中心（兰州）、肃北蒙古族自治县畜牧兽医站、甘南州畜牧科学研究所	郭天芬、牛春娥、高雅琴、杨博辉、赵双全、杜天庆、李维红、杨树猛、常玉兰、席斌、梁丽娜、王宏博
3.16	GB/T 30960—2014	西藏羊	中国农业科学院兰州畜牧与兽药研究所、农业部动物毛皮及制品质量监督检验测试中心（兰州）、青海省畜牧科学院、云南省家畜改良站、西藏农牧科学院、甘肃农业大学、四川省畜牧总站、甘南州畜牧研究所	牛春娥、郭天芬、杨博辉、郭健、乔海生、程胜利、李红心、孙利民、张利平、央金、高雅琴、岳耀敬、熊琳、席斌、王宏博、杜天庆、郭婷婷、蹇尚林、杨勤、杨树猛、梁丽娜、常玉兰
3.17	GB/T 36185—2018	新疆山羊	农业部种羊及羊毛羊绒质量监督检验测试中心（乌鲁木齐）、新疆维吾尔自治区畜牧业质量标准研究所、新疆维吾尔自治区标准化研究院	郑文新、高维明、何茜、宫平、邢巍婷、肉孜买买提、李瑜、许艳丽、吕雪峰、左晓佳、魏佩玲
3.18	GB/T 36396—2018	巴美肉羊	内蒙古自治区畜牧工作站、内蒙古自治区巴彦淖尔市家畜改良工作站	红海、李忠书、李虎山、王海平、陈巴特尔、吴明宏、王文义、田建、郝柱、张瑞琴、李文慧、王文清、刘树军
3.19	GB/T 36179—2018	巴音布鲁克羊	新疆维吾尔自治区畜牧业质量标准研究所、农业部种羊及羊毛羊绒质量监督检验测试中心（乌鲁木齐）、新疆维吾尔自治区标准化研究院	郑文新、高维明、管永平、邢巍婷、贾广成、何茜、王乐、陶卫东、宫平、许艳丽、吕雪峰、采复拉·达姆拉、叶尔兰·谢尔毛拉、赛迪古丽
3.20	GB/T 36188—2018	贵德黑裘皮羊	中国农业科学院兰州畜牧与兽药研究所、青海省畜牧兽医科学院、青海大学、贵南县黑羊场、贵南县畜牧兽医站	牛春娥、杨博辉、郭婷婷、马世科、乔海生、郭天芬、袁超、郭健、岳耀敬、冯瑞林、刘建斌、诺日、王小红
3.21	GB/T 37313—2019	巴什拜羊	农业部种羊及羊毛羊绒质量监督检验测试中心（乌鲁木齐）、新疆畜牧科学院畜牧业质量标准研究所、裕民县巴什拜种羊基地建设办公室	郑文新、高维明、邢巍婷、宫平、闫京阳、陶卫东、许艳丽、吴尔生·沙汗、柴婷、采复拉、吕雪峰、叶尔兰、张敏、赛迪古丽、胡波、左晓佳、师帅、魏佩玲、帕娜尔、阿依达尔·沙依玛尔旦、朱飞飞、徐平、哈那提·赛甫拉
3.22	GB/T 37316—2019	柯尔克孜羊	农业部种羊及羊毛羊绒质量监督检验测试中心（乌鲁木齐）、新疆畜牧科学院畜牧业质量标准研究所、克州畜牧兽医局、克州畜禽繁育改良站	郑文新、买买提吐尔干·库瓦西、陶卫东、邢巍婷、王乐、牙生江那斯尔、宫平、株马浪·托合提霍主、许艳丽、柴婷、采复拉、吕雪峰、胡昕、胡波、魏佩玲

（续）

序号	标准号	标准名称	起草单位	人员
3.23	GB/T 37310—2019	洼地绵羊	山东省滨州畜牧兽医研究院、山东省滨州洼地绵羊研究开发推广中心、滨州市畜牧兽医局、山东绿都生物科技有限公司	沈志强、冉汝俊、任艳玲、王玉茂、王建军、李金林、李峰、谢金文、田茂俊、郭玉泉、田启友、肖娜、董文艳、王芳
3.24	NY/T 623—2002	内蒙古白绒山羊	内蒙古自治区家畜改良工作站、内蒙古白绒山羊种羊场、阿拉善白绒山羊育种站、鄂尔多斯市家畜改良站、巴盟家畜改良站、阿盟畜牧兽医站	那达木德、呼格吉勒图、康凤祥、刘少卿、王霆、陈巴特尔、纪双平、张萍、刘燕
3.25	NY 811—2004	无角陶赛特种羊	中国农业科学院北京畜牧兽医研究所、宁夏农业科学院畜牧兽医研究所、吉林省农业科学院、北京金鑫农业发展有限公司	马月辉、浦亚斌、吴凯峰、李颖康、赵玉民、王端云、傅宝玲
3.26	NY/Y 809—2004	南江黄羊	四川省畜禽繁育改良总站、四川省畜牧科学研究院、南江县畜牧局	周光明、付昌秀、王维春、熊朝瑞、蒲元成、龚平
3.27	NY/T 810—2004	湘东黑山羊	湖南农业大学、湖南省畜牧水产局、浏阳市畜牧水产局	张彬、张桂才、薛立群、李丽立、罗剑彪、周泓重、陈凯凡、陈宇光
3.28	NY/T 1816—2009	阿勒泰羊	农业部种羊及羊毛羊绒质量监督检验测试中心（乌鲁木齐）、中国农业科学院北京畜牧兽医研究所	郑文新、高维明、陶卫东、田可川、张莉、采复拉、宫平、乌兰、阿吉、王乐、周卫东、王晓涛、吕雪峰、王建忠、曹克涛、叶尔兰、胡波、师帅、赵丽
3.29	NY/T 2690—2015	蒙古羊	内蒙古自治区家畜改良工作站、内蒙古自治区锡林郭勒盟畜牧工作站	高雪峰、斯琴朝图克、阿拉坦沙、李忠书、陈巴特尔、包毅、斯琴斯特尔、辛满喜、毕力格巴特尔、青格乐图、牛成福、阿日贡其布日、额尔德木图
3.30	NY/T 2827—2015	简州大耳羊	四川省简阳大哥大牧业有限公司、西南民族大学、四川省畜牧科学研究院、四川农业大学、四川省畜牧总站、全国畜牧总站	王永、熊朝瑞、范景胜、张红平、龚华斌、傅昌秀、俄木曲者、蔡刚、邓中宝、于福清
3.31	NY/T 2691—2015	内蒙古细毛羊	内蒙古自治区家畜改良工作站、内蒙古自治区锡林郭勒盟畜牧工作站	高雪峰、斯琴朝图克、包毅、阿拉坦沙、斯琴斯特尔、李忠书、陈巴特尔、霍金明、李永林、巴特尔
3.32	NY/T 2833—2015	陕北白绒山羊	陕西省畜牧推广技术总站、陕西省榆林市畜牧兽医局、陕西省榆林市畜牧技术研究与推广所、陕西省延安市畜牧技术推广站、榆林学院	童建军、原积友、郭庆宏、闫昱、安宁、闫治川、杨文广、屈雷
3.33	NY/T 3134—2017	萨福克羊种羊	全国畜牧总站、新疆维吾尔自治区畜牧业质量标准研究所	赵小丽、郑文新、高维明、宫平、邢巍婷、陶卫东、王乐、许艳丽、魏佩玲、吕雪峰、何茜、乌兰、采复拉、胡波、叶尔兰、张敏、师帅、赛迪古丽、帕娜尔、徐方野

（续）

序号	标准号	标准名称	起草单位	人 员
3.34	NY 23—1986	关中奶山羊	陕西省农牧厅、陕西省畜牧兽医总站	钱凤翔
4	禽			
4.1	GB/T 24705—2009	狼山鸡	江苏省家禽科学研究所、农业部家禽品质监督检验测试中心（扬州）、江苏省南通市畜牧兽医站	陈宽维、张学余、罗融、李慧芳、宋卫涛、朱文奇、徐文娟
4.2	GB/T 24707—2009	邵伯鸡（配套系）	江苏省家禽科学研究所、农业部家禽品质监督检验测试中心（扬州）	黎寿丰、陈宽维、丁余荣、张学余、周新民、李国辉
4.3	GB/T 24702—2009	藏鸡	江苏省家禽科学研究所、农业部家禽品质监督检验测试中心（扬州）、西藏自治区畜牧总站、拉萨市农牧局	张学余、韩威、李慧芳、高玉时、李信群、陈宽维、路永强、石达、刘跃武、德吉拉姆、边巴卓玛、辛盛鹏
4.4	GB/T 32761—2016	溧阳鸡	江苏省家禽科学研究所、农业部家禽品质监督检验测试中心（扬州）、扬州大学、江苏省溧阳市种畜场	陈宽维、束婧婷、朱文奇、张小燕、龚道清、宋卫涛、徐文娟、万建洪、宋迟、李慧芳、单艳菊、陶志云
4.5	GB/T 32750—2016	茶花鸡	江苏省家禽科学研究所、云南省家畜改良工作站、西双版纳州畜牧技术推广工作站、西双版纳州农业局	张学余、苏一军、李国辉、韩威、屠云洁、殷建玫、陆进宏、仇俊、章明、朱云芬、袁跃云、孙利民、刘建平、古励
4.6	GB/T 32751—2016	林甸鸡	黑龙江省农业科学院畜牧研究所、江苏省家禽科学研究所、东北农业大学、农业部家禽品质监督检验测试中心（扬州）、黑龙江省畜牧研究所、黑龙江省林甸县畜牧兽医局	刘国君、陈宽维、李辉、周景明、焦铁伟、李满雨、冷丽、王志鹏、王守志、陈志峰、赵秀华
4.7	GB/T 32764—2016	边鸡	江苏省家禽科学研究所、山西省农业科学院畜牧兽医研究所、山西省畜禽繁育工作站	李慧芳、徐文娟、宋卫涛、单艳菊、陶志云、丁馥香、陈宽维、刘宏祥、曹宁贤、束婧婷、程俐芬、李沁、魏清宇
4.8	GB/T 32762—2016	鹿苑鸡	江苏省家禽科学研究所、江苏省张家港市畜禽有限公司、江苏省畜牧总站、农业部家禽品质监督检验测试中心（扬州）	刘向萍、蒋建明、潘雨来、朱文奇、宋卫涛、徐文娟、束婧婷、宋迟、李慧芳、张一平、尹震东、张超
4.9	GB/T 36182—2018	灵昆鸡	浙江省农业科学院、浙江省畜牧技术推广总站、温州市金土地农业开发有限公司、温州市农业科学研究院	卢立志、刘雅丽、田勇、李秀红、何世山、沈军达、李国勤、陶争荣、徐小钦、周树和、董丽艳
4.10	GB/T 36181—2018	萧山鸡	杭州萧山东海养殖有限责任公司、浙江省农业科学院畜牧兽医研究所	杨福生、卢立志、陈菲、周峰、王亚妮、俞奇力、沈军达、苏一军、韩威、韩水永、梁红昶、陈百如、何俊
4.11	GB/T 37117—2018	黄山黑鸡	安徽省畜禽遗传资源保护中心、安徽省农业科学院畜牧兽医研究所、黄山市黟县黄山黑鸡保种场、安徽生物工程学校、黄山市畜牧兽医局、黟县畜牧兽医局	张伟、汤洋、詹凯、刘伟、田传春、杨秀娟、吴惠娟、王春燕、李俊营、吴承武、罗联辉、舒宝屏、胡成来

（续）

序号	标准号	标准名称	起草单位	人员
4.12	NY/T 813—2004	丝羽乌骨鸡	江苏省家禽科学研究所、扬州大学畜牧兽医学院	张学余、王志跃、陈宽维、黄凡美、苏一军、沈晓鹏、卜柱、高玉时
4.13	NY/T 1163—2006	仙居鸡肉用系	浙江省仙居县农业局畜牧兽医技术服务中心、浙江省台州市畜牧兽医站、浙江省畜牧管理局畜牧工作站	王德刚、陈旭平、金良、徐三元、郑卫兵
4.14	NY/T 1449—2007	北京油鸡	中国农业科学院北京畜牧兽医研究所	赵桂苹、陈继兰、文杰、郑麦青
4.15	NY/T 2124—2012	文昌鸡	江苏省家禽科学研究所、海南（潭牛）文昌鸡股份有限公司、农业部家禽品质监督检验测试中心（扬州）	陈宽维、于吉英、高玉时、韩威、肖小珺、李慧芳、宋卫涛、束婧婷、朱文奇
4.16	NY/T 2125—2012	清远麻鸡	中国农业科学院家禽研究所、广东天农食品有限公司	李慧芳、宋卫涛、张正芬、束婧婷、陈宽维、汤青萍、高玉时、朱文奇、韩威、邝智祥
4.17	NY/T 2764—2015	金陵黄鸡配套系	广西金陵农牧集团有限公司、隆安凤鸣农牧有限公司	孙学高、黄雄、粟永春、陈智武、蔡日春
4.18	NY/T 2832—2015	汶上芦花鸡	山东省农业科学院家禽研究所、济宁市畜牧站、江苏省家禽科学研究所	曹顶国、逯岩、李福伟、李淑青、韩海霞、雷秋霞、周艳、李桂明、李传学、苏一军、高金波、刘玮、李惠敏
4.19	NY/T 3229—2018	苏禽绿壳蛋鸡	江苏省家禽科学研究所	王克华、曲亮、胡玉萍、窦套存、卢建、郭军、沈曼曼、马猛、王星果、李尚民、童海兵
4.20	NY/T 3230—2018	京海黄鸡	江苏京海禽业集团有限公司	顾云飞、王金玉、余亚波、谢凯舟、王宏胜
4.21	GB/T 24704—2009	金定鸭	农业部家禽品质监督检验测试中心（扬州）、江苏省家禽科学研究所、福建省石狮市水禽保种中心	李慧芳、陈宽维、朱文奇、宋卫涛、徐文娟、江宵兵、黄种彬
4.22	GB/T 24706—2009	连城白鸭	农业部家禽品质监督检验测试中心（扬州）、江苏省家禽科学研究所、福建省石狮市水禽保种中心、福建省连城白鸭原种场	李慧芳、陈宽维、黄种彬、朱文奇、宋卫涛、徐文娟、江宵兵、黄荣生、罗火生
4.23	GB/T 24698—2009	攸县麻鸭	中国科学院亚热带农业生态研究所、湖南省攸县畜牧水产局、湖南省畜牧水产局	李丽立、徐友文、陈志军、印遇龙、耿梅梅、彭慧珍、刘志刚、刘志强
4.24	GB/T 25244—2010	高邮鸭	扬州市高邮质量技术监督局、高邮市高邮鸭良种繁育中心	吴桂余、朱桥、郭如林、陈令、陈正斌、赵永高、薛敏开、张胜富、房崇琴、杨舒雅
4.25	NY/T 627—2002	北京鸭	北京金星鸭业中心、中国农业大学动物科技学院	胡胜强、杨宁、李国臣、郝金平

（续）

序号	标准号	标准名称	起草单位	人　员
4.26	NY/T 2830—2015	山麻鸭	全国畜牧总站、福建省畜牧总站、江苏省家禽科学研究所、龙岩山麻鸭原种场	沙玉圣、苏荣茂、江宵兵、林如龙、李慧芳、宋卫涛、徐文娟、陈红萍、陶志云、宋迟、王均辉、刘宏祥
4.27	NY/T 3132—2017	绍兴鸭	浙江省农业科学院、诸暨市国伟禽业有限公司、浙江省畜牧技术推广总站、绍兴市绍鸭原种场	卢立志、李国勤、陶争荣、徐小钦、麻延峰、陈黎、李柳萌、宋美娥、沈军达、田勇、曾涛、刘雅丽、阮胜钢、黄学涛、冯佩诗、徐坚
4.28	NY/T3231　2018	苏邮1号蛋鸭	江苏省家禽科学研究所、高邮市高邮鸭良种繁育中心、江苏省畜牧总站	宋卫涛、李慧芳、徐文娟、朱春红、王勇、薛敏开、刘宏祥、陶志云、章双杰、刘慧、周辉
4.29	GB/T 21677—2008	豁眼鹅	辽宁省畜牧技术推广站	郝洪章、王彪、宋丽萍、张晓鹰、单慧、赵丽新、李密林、何永涛、朱国兴、武长胜、刘海
4.30	GB/T 24699—2009	四川白鹅	四川省畜禽繁育改良总站、南溪县畜牧兽医局、南溪县四川白鹅育种场	马敏、李强、杨仕光、叶远清、赵开云
4.31	GB/T 26617—2011	皖西白鹅	安徽省标准化研究院、安徽省皖西白鹅原种场、合肥富安生物科技有限公司	耿天霖、丁昌东、袁绍有、田素润、刘春喜、胡厚如、郝大丽、彭克森、陈泽儒、吴倩、胡恒龙
4.32	GB/T 34735—2017	兴国灰鹅	江西省农业科学院畜牧兽医研究所、江西省兴国灰鹅原种场	谢金防、谢明贵、武艳平、刘林秀、韦启鹏、康昭风、陈受金、曾文、季华员、唐维国、黄江南、谢华胜
4.33	NY/T 3232—2018	太湖鹅	江苏省家禽科学研究所、江苏省畜牧总站、扬州大学、苏州乡韵太湖鹅有限公司	章双杰、李慧芳、王勇、杨海明、陆火林、朱春红、宋卫涛、徐文娟、侯庆永、陶志云、刘宏祥
4.34	GB/T 36178—2018	浙东白鹅	浙江省农业科学院、浙江省象山县畜牧兽医总站、温州市农业科学研究院、浙江省象山县浙东白鹅研究所	卢立志、陈维虎、董丽艳、李国勤、沈军达、孙红霞、田勇、陶争荣、陈黎、徐小钦、徐坚、俞照正
4.35	GB/T 36184—2018	籽鹅	黑龙江省农业科学院畜牧研究所、黑龙江省畜牧研究所	刘国君、周景明、赵秀华、陈志峰、李满雨、霍明东、马志刚、郭文凯、刘玉峰、李平、丁丽艳、董佳强
4.36	GB/T 36784—2018	扬州鹅	扬州大学、扬州天歌鹅业发展有限公司	王志跃、赵万里、徐国来、杨海明、张勇、谢恺舟、戴国俊、胥蕾、李拥军、殷子龙
5	马（驴、驼）			
5.1	GB/T 6940—2008	关中驴	陕西省畜牧兽医总站、西北农林科技大学	刘收选、王永军、原积友、王武强、卢文龙

（续）

序号	标准号	标准名称	起草单位	人　员
5.2	GB/T 24701—2009	百色马	中国农业大学马研究中心、广西壮族自治区畜禽品种改良站、广西大学、中国马业协会	赵春江、许典新、杨膺白、吴常信、韩国才、张浩、鲍海港、迮晓雷
5.3	GB/T 24877—2010	德州驴	中国农业大学马研究中心、山东省无棣县畜牧局、中国马业协会	吴常信、赵春江、王者勇、韩国才、曲绪仙、吴克亮、张浩、鲍海港
5.4	GB/T 24878—2010	鄂伦春马	中国农业大学马研究中心、鄂伦春自治旗农牧业局、中国马业协会	吴常信、赵春江、赵家富、韩国才、鲍海港、韩文鹏
5.5	GB/T 25245—2010	广灵驴	中国农业大学马研究中心、山西省畜牧兽医局、中国马业协会	赵春江、李树军、韩国才、陈延珠、吴常信、吴克亮、张浩、鲍海港
5.6	GB/T 24879—2010	晋江马	中国农业大学马研究中心、福建省晋江市农业局、福建省晋江市峻富生态林牧有限公司、中国马业协会	吴常信、江宵兵、朱远瞄、庄行良、赵春江、李澄清、吴克亮、张浩、鲍海港、姚玉昌
5.7	GB/T 24881—2010	宁强马	中国农业大学马研究中心、陕西省畜牧技术推广总站、西北农林科技大学、陕西省宁强县农业局	韩国才、吴常信、赵春江、原积友、王永军、李勤荣、鲍海港、邓亮、杜丹
5.8	GB/T 24703—2009	岔口驿马	中国农业大学、甘肃畜禽品种改良站、甘肃省天祝县畜牧兽医站、中国马业协会	赵春江、李积友、王晓平、吴常信、韩国才、高芳山、张永堂、张浩、鲍海港
5.9	GB/T 24880—2010	蒙古马	中国农业大学、甘肃畜禽品种改良站、甘肃省天祝县畜牧兽医站、中国马业协会	韩国才、高雪峰、白德庆、吴常信、赵春江、斯琴朝克图、阿拉坦沙、张浩、董仕民、高芳山、张永堂、廉嵩
5.10	NY/T 2831—2015	伊犁马	新疆农业大学、全国畜牧总站、伊犁种马场、新疆维吾尔自治区伊犁哈萨克自治州科技局、新疆畜牧科学院、新疆维吾尔自治区畜牧总站	姚新奎、武玉波、胡童新、欧阳文、李家新、王相明、王思依、谭小海、刘武军、孟军、高维明
5.11	NY/T 3449—2019	河曲马	中国农业科学院兰州畜牧与兽药研究所、甘南藏族自治州河曲马场、四川省畜禽繁育改良总站、青海省畜牧总站、甘肃省畜牧产业管理局	梁春年、王宏博、阎萍、卡召加、郭宪、吴晓云、丁学智、褚敏、包鹏甲、裴杰、杨振、傅昌秀、拉环、赵真
5.12	GB/T 26611—2011	阿拉善双峰驼	内蒙古自治区家畜改良工作站、内蒙古阿拉善盟畜牧兽医工作站、内蒙古阿拉善盟骆驼研究所	高雪峰、王爱民、张文彬、左海涛、李忠书、陈巴特尔、宝迪、托娅、任其格玛
6	其他畜禽种品种			
6.1	GB/T 6936—2010	东北马鹿种鹿	农业部特种经济动植物及产品质量监督检验测试中心、中国农业科学院特产研究所	王峰、李生、何艳丽、肖家美、张秀莲

（续）

序号	标准号	标准名称	起草单位	人　员
6.2	GB/T 6935—2010	中国梅花鹿种鹿	农业部特种经济动植物及产品质量监督检验测试中心、中国农业科学院特产研究所	王峰、李生、肖家美、何艳丽、姜英
6.3	GB/T 24873—2010	北极狐种狐	中国农业科学院特产研究所、山东潍坊大正（集团）公司、辽宁省华曦集团金州珍贵毛皮动物公司、黑龙江省绥化市经济动物养殖场	杨福合、邢秀梅、陈之果、谭绪生、张志明、丛守文
6.4	NY/T 1159—2013	中华蜜蜂种蜂王	中国农业科学院蜜蜂研究所	石巍、丁桂玲、刘之光、吕丽萍
6.5	NY/T 1660—2008	鸵鸟种鸟	中国鸵鸟养殖开发协会、中国农业大学、江门金鸵产业发展有限公司、汕头中航技投资有限公司、陕西英考鸵鸟有限公司、河南金鹭特种养殖有限公司、中国西北鸵鸟繁育中心、河北石家庄市大山生物科技开发有限公司	张劳、陈国堂、黄成江、杨宁、周建国、元继文、周温聪、田长青、石留红、刘福辰、禤宗能、施伯煊、范继山、单崇浩、高腾云
6.6	NY/T 1870—2010	藏獒	中国畜牧业协会、西藏自治区畜牧总站	沈广、苏鹏、周春华、范琼、张晓峰、章海朝、石达、边珍、边巴次仁·德吉拉姆、格桑达娃

附录 2　国家畜禽遗传资源品种名录（2021 年版）

传 统 畜 禽

一、猪

（一）地方品种

1. 马身猪
2. 河套大耳猪
3. 民猪
4. 枫泾猪
5. 浦东白猪
6. 东串猪
7. 二花脸猪
8. 淮猪（淮北猪、山猪、灶猪、定远猪、皖北猪、淮南猪）
9. 姜曲海猪
10. 梅山猪
11. 米猪
12. 沙乌头猪
13. 碧湖猪
14. 岔路黑猪
15. 金华猪
16. 嘉兴黑猪
17. 兰溪花猪
18. 嵊县花猪
19. 仙居花猪
20. 安庆六白猪
21. 皖南黑猪
22. 圩猪
23. 皖浙花猪
24. 官庄花猪
25. 槐猪
26. 闽北花猪
27. 莆田猪
28. 武夷黑猪
29. 滨湖黑猪
30. 赣中南花猪
31. 杭猪
32. 乐平猪
33. 玉江猪
34. 大蒲莲猪
35. 莱芜猪
36. 南阳黑猪
37. 确山黑猪
38. 清平猪
39. 阳新猪
40. 大围子猪
41. 华中两头乌猪（沙子岭猪、监利猪、通城猪、赣西两头乌猪、东山猪）
42. 宁乡猪
43. 黔邵花猪
44. 湘西黑猪
45. 大花白猪
46. 蓝塘猪
47. 粤东黑猪
48. 巴马香猪
49. 德保猪
50. 桂中花猪
51. 两广小花猪（陆川猪、广东小耳花猪、墩头猪）
52. 隆林猪
53. 海南猪
54. 五指山猪
55. 荣昌猪

56. 成华猪

57. 湖川山地猪（恩施黑猪、盆周山地猪、合川黑猪、罗盘山猪、渠溪猪、丫杈猪）

58. 内江猪

59. 乌金猪（柯乐猪、大河猪、昭通猪、凉山猪）

60. 雅南猪

61. 白洗猪

62. 关岭猪

63. 江口萝卜猪

64. 黔北黑猪

65. 黔东花猪

66. 香猪

67. 保山猪

68. 高黎贡山猪

69. 明光小耳猪

70. 滇南小耳猪

71. 撒坝猪

72. 藏猪（西藏藏猪、迪庆藏猪、四川藏猪、合作猪）

73. 汉江黑猪

74. 八眉猪

75. 兰屿小耳猪

76. 桃园猪

77. 烟台黑猪

78. 五莲黑猪

79. 沂蒙黑猪

80. 里岔黑猪

81. 深县猪

82. 丽江猪

83. 枣庄黑盖猪

（二）培育品种（含家猪与野猪杂交后代）

1. 新淮猪

2. 上海白猪

3. 北京黑猪

4. 伊犁白猪

5. 汉中白猪

6. 山西黑猪

7. 三江白猪

8. 湖北白猪

9. 浙江中白猪

10. 苏太猪

11. 南昌白猪

12. 军牧 1 号白猪

13. 大河乌猪

14. 鲁莱黑猪

15. 鲁烟白猪

16. 豫南黑猪

17. 滇陆猪

18. 松辽黑猪

19. 苏淮猪

20. 湘村黑猪

21. 苏姜猪

22. 晋汾白猪

23. 吉神黑猪

24. 苏山猪

25. 宣和猪

（三）培育配套系

1. 光明猪配套系

2. 深农猪配套系

3. 冀合白猪配套系

4. 中育猪配套系

5. 华农温氏 I 号猪配套系

6. 滇撒猪配套系

7. 鲁农 I 号猪配套系

8. 渝荣 I 号猪配套系

9. 天府肉猪

10. 龙宝 1 号猪

11. 川藏黑猪

12. 江泉白猪配套系

(四) 引入品种

1. 大白猪

2. 长白猪

3. 杜洛克猪

(五) 引入配套系

1. 斯格猪

13. 温氏 WS501 猪配套系

14. 湘沙猪

4. 汉普夏猪

5. 皮特兰猪

6. 巴克夏猪

2. 皮埃西猪

二、普通牛、瘤牛、水牛、牦牛、大额牛

普通牛

(一) 地方品种

1. 秦川牛（早胜牛）

2. 南阳牛

3. 鲁西牛

4. 晋南牛

5. 延边牛

6. 冀南牛

7. 太行牛

8. 平陆山地牛

9. 蒙古牛

10. 复州牛

11. 徐州牛

12. 温岭高峰牛

13. 舟山牛

14. 大别山牛

15. 皖南牛

16. 闽南牛

17. 广丰牛

18. 吉安牛

19. 锦江牛

20. 渤海黑牛

21. 蒙山牛

22. 郏县红牛

23. 枣北牛

24. 巫陵牛

25. 雷琼牛

26. 隆林牛

27. 南丹牛

28. 涠洲牛

29. 巴山牛

30. 川南山地牛

31. 峨边花牛

32. 甘孜藏牛

33. 凉山牛

34. 平武牛

35. 三江牛

36. 关岭牛

37. 黎平牛

38. 威宁牛

39. 务川黑牛

40. 邓川牛

41. 迪庆牛

42. 滇中牛

43. 文山牛

44. 云南高峰牛

45. 昭通牛

46. 阿沛甲咂牛

47. 日喀则驼峰牛

48. 西藏牛

49. 樟木牛
50. 柴达木牛
51. 哈萨克牛
52. 台湾牛
53. 阿勒泰白头牛
54. 皖东牛
55. 夷陵牛

（二）培育品种

1. 中国荷斯坦牛
2. 中国西门塔尔牛
3. 三河牛
4. 新疆褐牛
5. 中国草原红牛
6. 夏南牛
7. 延黄牛
8. 辽育白牛
9. 蜀宣花牛
10. 云岭牛

（三）引入品种

1. 荷斯坦牛
2. 西门塔尔牛
3. 夏洛来牛
4. 利木赞牛
5. 安格斯牛
6. 娟姗牛
7. 德国黄牛
8. 南德文牛
9. 皮埃蒙特牛
10. 短角牛
11. 海福特牛
12. 和牛
13. 比利时蓝牛
14. 瑞士褐牛
15. 挪威红牛

瘤牛

引入品种

婆罗门牛

水牛

（一）地方品种

1. 海子水牛
2. 盱眙山区水牛
3. 温州水牛
4. 东流水牛
5. 江淮水牛
6. 福安水牛
7. 鄱阳湖水牛
8. 峡江水牛
9. 信丰山地水牛
10. 信阳水牛
11. 恩施山地水牛
12. 江汉水牛
13. 滨湖水牛
14. 富钟水牛
15. 西林水牛
16. 兴隆水牛
17. 德昌水牛
18. 涪陵水牛
19. 宜宾水牛
20. 贵州白水牛
21. 贵州水牛
22. 槟榔江水牛

23. 德宏水牛

24. 滇东南水牛

25. 盐津水牛

26. 陕南水牛

27. 上海水牛

（二）引入品种

1. 摩拉水牛

2. 尼里-拉菲水牛

3. 地中海水牛

牦牛

（一）地方品种

1. 九龙牦牛

2. 麦洼牦牛

3. 木里牦牛

4. 中甸牦牛

5. 娘亚牦牛

6. 帕里牦牛

7. 斯布牦牛

8. 西藏高山牦牛

9. 甘南牦牛

10. 天祝白牦牛

11. 青海高原牦牛

12. 巴州牦牛

13. 金川牦牛

14. 昌台牦牛

15. 类乌齐牦牛

16. 环湖牦牛

17. 雪多牦牛

18. 玉树牦牛

（二）培育品种

1. 大通牦牛

2. 阿什旦牦牛

大额牛

地方品种

独龙牛

三、绵羊、山羊

绵羊

（一）地方品种

1. 蒙古羊

2. 西藏羊

3. 哈萨克羊

4. 广灵大尾羊

5. 晋中绵羊

6. 呼伦贝尔羊

7. 苏尼特羊

8. 乌冉克羊

9. 乌珠穆沁羊

10. 湖羊

11. 鲁中山地绵羊

12. 泗水裘皮羊

13. 洼地绵羊

14. 小尾寒羊

15. 大尾寒羊

16. 太行裘皮羊

17. 豫西脂尾羊

18. 威宁绵羊

19. 迪庆绵羊
20. 兰坪乌骨绵羊
21. 宁蒗黑绵羊
22. 石屏青绵羊
23. 腾冲绵羊
24. 昭通绵羊
25. 汉中绵羊
26. 同羊
27. 兰州大尾羊
28. 岷县黑裘皮羊
29. 贵德黑裘皮羊
30. 滩羊
31. 阿勒泰羊

32. 巴尔楚克羊
33. 巴什拜羊
34. 巴音布鲁克羊
35. 策勒黑羊
36. 多浪羊
37. 和田羊
38. 柯尔克孜羊
39. 罗布羊
40. 塔什库尔干羊
41. 吐鲁番黑羊
42. 叶城羊
43. 欧拉羊
44. 扎什加羊

(二) 培育品种

1. 新疆细毛羊
2. 东北细毛羊
3. 内蒙古细毛羊
4. 甘肃高山细毛羊
5. 敖汉细毛羊
6. 中国美利奴羊
7. 中国卡拉库尔羊
8. 云南半细毛羊
9. 新吉细毛羊
10. 巴美肉羊
11. 彭波半细毛羊
12. 凉山半细毛羊
13. 青海毛肉兼用细毛羊
14. 青海高原毛肉兼用半细毛羊
15. 鄂尔多斯细毛羊
16. 呼伦贝尔细毛羊

17. 科尔沁细毛羊
18. 乌兰察布细毛羊
19. 兴安毛肉兼用细毛羊
20. 内蒙古半细毛羊
21. 陕北细毛羊
22. 昭乌达肉羊
23. 察哈尔羊
24. 苏博美利奴羊
25. 高山美利奴羊
26. 象雄半细毛羊
27. 鲁西黑头羊
28. 乾华肉用美利奴羊
29. 戈壁短尾羊
30. 鲁中肉羊
31. 草原短尾羊
32. 黄淮肉羊

(三) 引入品种

1. 夏洛来羊
2. 考力代羊
3. 澳洲美利奴羊
4. 德国肉用美利奴羊
5. 萨福克羊

6. 无角陶赛特羊
7. 特克赛尔羊
8. 杜泊羊
9. 白萨福克羊
10. 南非肉用美利奴羊

11. 澳洲白羊

12. 东佛里生羊

13. 南丘羊

山羊

（一）地方品种

1. 西藏山羊
2. 新疆山羊
3. 内蒙古绒山羊
4. 辽宁绒山羊
5. 承德无角山羊
6. 吕梁黑山羊
7. 太行山羊
8. 乌珠穆沁白山羊
9. 长江三角洲白山羊
10. 黄淮山羊
11. 戴云山羊
12. 福清山羊
13. 闽东山羊
14. 赣西山羊
15. 广丰山羊
16. 尧山白山羊
17. 济宁青山羊
18. 莱芜黑山羊
19. 鲁北白山羊
20. 沂蒙黑山羊
21. 伏牛白山羊
22. 麻城黑山羊
23. 马头山羊
24. 宜昌白山羊
25. 湘东黑山羊
26. 雷州山羊
27. 都安山羊
28. 隆林山羊
29. 渝东黑山羊
30. 大足黑山羊
31. 酉州乌羊
32. 白玉黑山羊
33. 板角山羊
34. 北川白山羊
35. 成都麻羊
36. 川东白山羊
37. 川南黑山羊
38. 川中黑山羊
39. 古蔺马羊
40. 建昌黑山羊
41. 美姑山羊
42. 贵州白山羊
43. 贵州黑山羊
44. 黔北麻羊
45. 凤庆无角黑山羊
46. 圭山山羊
47. 龙陵黄山羊
48. 罗平黄山羊
49. 马关无角山羊
50. 弥勒红骨山羊
51. 宁蒗黑头山羊
52. 云岭山羊
53. 昭通山羊
54. 陕南白山羊
55. 子午岭黑山羊
56. 河西绒山羊
57. 柴达木山羊
58. 中卫山羊
59. 牙山黑绒山羊
60. 威信白山羊

（二）培育品种

1. 关中奶山羊
2. 崂山奶山羊
3. 南江黄羊
4. 陕北白绒山羊
5. 文登奶山羊
6. 柴达木绒山羊
7. 雅安奶山羊
8. 罕山白绒山羊
9. 晋岚绒山羊
10. 简州大耳羊
11. 云上黑山羊
12. 疆南绒山羊

（三）引入品种

1. 萨能奶山羊
2. 安哥拉山羊
3. 波尔山羊
4. 努比亚山羊
5. 阿尔卑斯奶山羊
6. 吐根堡奶山羊

四、马

（一）地方品种

1. 阿巴嘎黑马
2. 鄂伦春马
3. 蒙古马
4. 锡尼河马
5. 晋江马
6. 利川马
7. 百色马
8. 德保矮马
9. 甘孜马
10. 建昌马
11. 贵州马
12. 大理马
13. 腾冲马
14. 文山马
15. 乌蒙马
16. 永宁马
17. 云南矮马
18. 中甸马
19. 西藏马
20. 宁强马
21. 岔口驿马
22. 大通马
23. 河曲马
24. 柴达木马
25. 玉树马
26. 巴里坤马
27. 哈萨克马
28. 柯尔克孜马
29. 焉耆马

（二）培育品种

1. 三河马
2. 金州马
3. 铁岭挽马
4. 吉林马
5. 关中马
6. 渤海马
7. 山丹马
8. 伊吾马
9. 锡林郭勒马
10. 科尔沁马
11. 张北马
12. 新丽江马

13. 伊犁马

（三）引入品种

1. 纯血马

2. 阿哈-捷金马

3. 顿河马

4. 卡巴金马

5. 奥尔洛夫快步马

6. 阿尔登马

7. 阿拉伯马

8. 新吉尔吉斯马

9. 温血马（荷斯坦马、荷兰温血马、丹麦

温血马、汉诺威马、奥登堡马、塞拉-
法兰西马）

10. 设特兰马

11. 夸特马

12. 法国速步马

13. 弗里斯兰马

14. 贝尔修伦马

15. 美国标准马

16. 夏尔马

五、驴

地方品种

1. 太行驴

2. 阳原驴

3. 广灵驴

4. 晋南驴

5. 临县驴

6. 库伦驴

7. 泌阳驴

8. 庆阳驴

9. 苏北毛驴

10. 淮北灰驴

11. 德州驴

12. 长垣驴

13. 川驴

14. 云南驴

15. 西藏驴

16. 关中驴

17. 佳米驴

18. 陕北毛驴

19. 凉州驴

20. 青海毛驴

21. 西吉驴

22. 和田青驴

23. 吐鲁番驴

24. 新疆驴

六、骆驼

地方品种

1. 阿拉善双峰驼

2. 苏尼特双峰驼

3. 青海骆驼

4. 新疆塔里木双峰驼

5. 新疆准噶尔双峰驼

七、兔

（一）地方品种

1. 福建黄兔

2. 闽西南黑兔

3. 万载兔

4. 九疑山兔

5. 四川白兔

6. 云南花兔

7. 福建白兔

8. 莱芜黑兔

（二）培育品种

1. 中系安哥拉兔

2. 浙系长毛兔

3. 皖系长毛兔

4. 苏系长毛兔

5. 西平长毛兔

6. 吉戎兔

7. 哈尔滨大白兔

8. 塞北兔

9. 豫丰黄兔

10. 川白獭兔

（三）培育配套系

1. 康大 1 号肉兔

2. 康大 2 号肉兔

3. 康大 3 号肉兔

4. 蜀兴 1 号肉兔

（四）引入品种

1. 德系安哥拉兔

2. 法系安哥拉兔

3. 青紫蓝兔

4. 比利时兔

5. 新西兰白兔

6. 加利福尼亚兔

7. 力克斯兔

8. 德国花巨兔

9. 日本大耳白兔

（五）引入配套系

1. 伊拉肉兔

2. 伊普吕肉兔

3. 齐卡肉兔

4. 伊高乐肉兔

八、鸡

（一）地方品种

1. 北京油鸡

2. 坝上长尾鸡

3. 边鸡

4. 大骨鸡

5. 林甸鸡

6. 浦东鸡

7. 狼山鸡

8. 溧阳鸡

9. 鹿苑鸡

10. 如皋黄鸡

11. 太湖鸡

12. 仙居鸡

13. 江山乌骨鸡

14. 灵昆鸡

15. 萧山鸡

16. 淮北麻鸡

17. 淮南麻黄鸡

18. 黄山黑鸡

19. 皖北斗鸡

20. 五华鸡

21. 皖南三黄鸡

22. 德化黑鸡

23. 金湖乌凤鸡

24. 河田鸡

25. 闽清毛脚鸡
26. 象洞鸡
27. 漳州斗鸡
28. 安义瓦灰鸡
29. 白耳黄鸡
30. 崇仁麻鸡
31. 东乡绿壳蛋鸡
32. 康乐鸡
33. 宁都黄鸡
34. 丝羽乌骨鸡
35. 余干乌骨鸡
36. 济宁百日鸡
37. 鲁西斗鸡
38. 琅琊鸡
39. 寿光鸡
40. 汶上芦花鸡
41. 固始鸡
42. 河南斗鸡
43. 卢氏鸡
44. 淅川乌骨鸡
45. 正阳三黄鸡
46. 洪山鸡
47. 江汉鸡
48. 景阳鸡
49. 双莲鸡
50. 郧阳白羽乌鸡
51. 郧阳大鸡
52. 东安鸡
53. 黄郎鸡
54. 桃源鸡
55. 雪峰乌骨鸡
56. 怀乡鸡
57. 惠阳胡须鸡
58. 清远麻鸡
59. 杏花鸡
60. 阳山鸡

61. 中山沙栏鸡
62. 广西麻鸡
63. 广西三黄鸡
64. 广西乌鸡
65. 龙胜凤鸡
66. 霞烟鸡
67. 瑶鸡
68. 文昌鸡
69. 城口山地鸡
70. 大宁河鸡
71. 峨眉黑鸡
72. 旧院黑鸡
73. 金阳丝毛鸡
74. 泸宁鸡
75. 凉山崖鹰鸡
76. 米易鸡
77. 彭县黄鸡
78. 四川山地乌骨鸡
79. 石棉草科鸡
80. 矮脚鸡
81. 长顺绿壳蛋鸡
82. 高脚鸡
83. 黔东南小香鸡
84. 乌蒙乌骨鸡
85. 威宁鸡
86. 竹乡鸡
87. 茶花鸡
88. 独龙鸡
89. 大围山微型鸡
90. 兰坪绒毛鸡
91. 尼西鸡
92. 瓢鸡
93. 腾冲雪鸡
94. 他留乌骨鸡
95. 武定鸡
96. 无量山乌骨鸡

97. 西双版纳斗鸡
98. 盐津乌骨鸡
99. 云龙矮脚鸡
100. 藏鸡
101. 略阳鸡
102. 太白鸡
103. 静原鸡
104. 海东鸡
105. 拜城油鸡
106. 和田黑鸡

107. 吐鲁番斗鸡
108. 麻城绿壳蛋鸡
109. 太行鸡
110. 广元灰鸡
111. 荆门黑羽绿壳蛋鸡
112. 富蕴黑鸡
113. 天长三黄鸡
114. 宁蒗高原鸡
115. 沂蒙鸡

（二）培育品种

1. 新狼山鸡
2. 新浦东鸡
3. 新扬州鸡

4. 京海黄鸡
5. 雪域白鸡

（三）培育配套系

1. 京白 939
2. 康达尔黄鸡 128 配套系
3. 新杨褐壳蛋鸡配套系
4. 江村黄鸡 JH-2 号配套系
5. 江村黄鸡 JH-3 号配套系
6. 新兴黄鸡Ⅱ号配套系
7. 新兴矮脚黄鸡配套系
8. 岭南黄鸡Ⅰ号配套系
9. 岭南黄鸡Ⅱ号配套系
10. 京星黄鸡 100 配套系
11. 京星黄鸡 102 配套系
12. 农大 3 号小型蛋鸡配套系
13. 邵伯鸡配套系
14. 鲁禽 1 号麻鸡配套系
15. 鲁禽 3 号麻鸡配套系
16. 新兴竹丝鸡 3 号配套系
17. 新兴麻鸡 4 号配套系
18. 粤禽皇 2 号鸡配套系
19. 粤禽皇 3 号鸡配套系
20. 京红 1 号蛋鸡配套系
21. 京粉 1 号蛋鸡配套系

22. 良凤花鸡配套系
23. 墟岗黄鸡 1 号配套系
24. 皖南黄鸡配套系
25. 皖南青脚鸡配套系
26. 皖江黄鸡配套系
27. 皖江麻鸡配套系
28. 雪山鸡配套系
29. 苏禽黄鸡 2 号配套系
30. 金陵麻鸡配套系
31. 金陵黄鸡配套系
32. 岭南黄鸡 3 号配套系
33. 金钱麻鸡 1 号配套系
34. 南海黄麻鸡 1 号
35. 弘香鸡
36. 新广铁脚麻鸡
37. 新广黄鸡 K996
38. 大恒 699 肉鸡配套系
39. 新杨白壳蛋鸡配套系
40. 新杨绿壳蛋鸡配套系
41. 凤翔青脚麻鸡
42. 凤翔乌鸡

43. 五星黄鸡
44. 金种麻黄鸡
45. 振宁黄鸡配套系
46. 潭牛鸡配套系
47. 三高青脚黄鸡3号
48. 京粉2号蛋鸡
49. 大午粉1号蛋鸡
50. 苏禽绿壳蛋鸡
51. 天露黄鸡
52. 天露黑鸡
53. 光大梅黄1号肉鸡
54. 粤禽皇5号蛋鸡
55. 桂凤二号黄鸡
56. 天农麻鸡配套系
57. 新杨黑羽蛋鸡配套系
58. 豫粉1号蛋鸡配套系
59. 温氏青脚麻鸡2号配套系
60. 农大5号小型蛋鸡配套系
61. 科朗麻黄鸡配套系

62. 金陵花鸡配套系
63. 大午金凤蛋鸡配套系
64. 京白1号蛋鸡配套系
65. 京星黄鸡103配套系
66. 栗园油鸡蛋鸡配套系
67. 黎村黄鸡配套系
68. 凤达1号蛋鸡配套系
69. 欣华2号蛋鸡配套系
70. 鸿光黑鸡配套系
71. 参皇鸡1号配套系
72. 鸿光麻鸡配套系
73. 天府肉鸡配套系
74. 海扬黄鸡配套系
75. 肉鸡WOD168配套系
76. 京粉6号蛋鸡配套系
77. 金陵黑凤鸡配套系
78. 大恒799肉鸡
79. 神丹6号绿壳蛋鸡
80. 大午褐蛋鸡

(四) 引入品种

1. 隐性白羽鸡
2. 矮小黄鸡
3. 来航鸡
4. 洛岛红鸡

5. 贵妃鸡
6. 白洛克鸡
7. 哥伦比亚洛克鸡
8. 横斑洛克鸡

(五) 引入配套系

1. 雪佛蛋鸡
2. 罗曼 (罗曼褐、罗曼粉、罗曼灰、罗曼白LSL) 蛋鸡
3. 艾维茵肉鸡
4. 澳洲黑鸡
5. 巴波娜蛋鸡
6. 巴布考克B380蛋鸡
7. 宝万斯蛋鸡
8. 迪卡蛋鸡
9. 海兰 (海兰褐、海兰灰、海兰白W36、海兰白W80、海兰银褐) 蛋鸡

10. 海赛克斯蛋鸡
11. 金慧星
12. 罗马尼亚蛋鸡
13. 罗斯蛋鸡
14. 尼克蛋鸡
15. 伊莎 (伊莎褐、伊莎粉) 蛋鸡
16. 爱拔益加
17. 安卡
18. 迪高肉鸡
19. 哈伯德
20. 海波罗

21. 海佩克
22. 红宝肉鸡
23. 科宝 500 肉鸡
24. 罗曼肉鸡
25. 罗斯（罗斯 308、罗斯 708）肉鸡
26. 明星肉鸡
27. 尼克肉鸡
28. 皮尔奇肉鸡
29. 皮特逊肉鸡
30. 萨索肉鸡
31. 印第安河肉鸡
32. 诺珍褐蛋鸡

九、鸭

（一）地方品种

1. 北京鸭
2. 高邮鸭
3. 绍兴鸭
4. 巢湖鸭
5. 金定鸭
6. 连城白鸭
7. 莆田黑鸭
8. 龙岩山麻鸭
9. 大余鸭
10. 吉安红毛鸭
11. 微山麻鸭
12. 文登黑鸭
13. 淮南麻鸭
14. 恩施麻鸭
15. 荆江鸭
16. 沔阳麻鸭
17. 攸县麻鸭
18. 临武鸭
19. 广西小麻鸭
20. 靖西大麻鸭
21. 龙胜翠鸭
22. 融水香鸭
23. 麻旺鸭
24. 建昌鸭
25. 四川麻鸭
26. 三穗鸭
27. 兴义鸭
28. 建水黄褐鸭
29. 云南麻鸭
30. 汉中麻鸭
31. 褐色菜鸭
32. 枞阳媒鸭
33. 缙云麻鸭
34. 马踏湖鸭
35. 娄门鸭
36. 于田麻鸭
37. 润州凤头白鸭

（二）培育配套系

1. 三水白鸭配套系
2. 仙湖肉鸭配套系
3. 南口 1 号北京鸭配套系
4. Z 型北京鸭配套系
5. 苏邮 1 号蛋鸭
6. 国绍Ⅰ号蛋鸭配套系
7. 中畜草原白羽肉鸭配套系
8. 中新白羽肉鸭配套系
9. 神丹 2 号蛋鸭
10. 强英鸭

（三）引入品种

咔叽·康贝尔鸭

（四）引入配套系

1. 奥白星鸭
2. 狄高鸭
3. 枫叶鸭
4. 海加德鸭

5. 丽佳鸭
6. 南特鸭
7. 樱桃谷鸭

十、鹅

（一）地方品种

1. 太湖鹅
2. 籽鹅
3. 永康灰鹅
4. 浙东白鹅
5. 皖西白鹅
6. 雁鹅
7. 长乐鹅
8. 闽北白鹅
9. 兴国灰鹅
10. 丰城灰鹅
11. 广丰白翎鹅
12. 莲花白鹅
13. 百子鹅
14. 豁眼鹅
15. 道州灰鹅

16. 鄱县白鹅
17. 武冈铜鹅
18. 溆浦鹅
19. 马岗鹅
20. 狮头鹅
21. 乌鬃鹅
22. 阳江鹅
23. 右江鹅
24. 定安鹅
25. 钢鹅
26. 四川白鹅
27. 平坝灰鹅
28. 织金白鹅
29. 云南鹅
30. 伊犁鹅

（二）培育品种

扬州鹅

（三）培育配套系

1. 天府肉鹅
2. 江南白鹅配套系

（四）引入配套系

1. 莱茵鹅
2. 朗德鹅
3. 罗曼鹅

4. 匈牙利白鹅
5. 匈牙利灰鹅
6. 霍尔多巴吉鹅

十一、鸽

（一）地方品种

1. 石岐鸽
2. 塔里木鸽

3. 太湖点子鸽

（二）培育配套系

1. 天翔 1 号肉鸽配套系

2. 苏威 1 号肉鸽

（三）引入品种

1. 美国王鸽

3. 银王鸽

2. 卡奴鸽

（四）引入配套系

　欧洲肉鸽

十二、鹌鹑

（一）培育配套系

　神丹 1 号鹌鹑

（二）引入品种

1. 朝鲜鹌鹑

2. 迪法克 FM 系肉用鹌鹑

特　种　畜　禽

一、梅花鹿

（一）地方品种

　吉林梅花鹿

（二）培育品种

1. 四平梅花鹿

5. 双阳梅花鹿

2. 敖东梅花鹿

6. 西丰梅花鹿

3. 东丰梅花鹿

7. 东大梅花鹿

4. 兴凯湖梅花鹿

二、马鹿

（一）地方品种

　东北马鹿

（二）培育品种

1. 清原马鹿

3. 伊河马鹿

2. 塔河马鹿

（三）引入品种

　新西兰赤鹿

三、驯鹿

地方品种

　敖鲁古雅驯鹿

四、羊驼

引入品种

　羊驼

五、火鸡

（一）地方品种

　闽南火鸡

（二）引入品种

1. 尼古拉斯火鸡　　　　　　2. 青铜火鸡

（三）引入配套系

1. BUT 火鸡　　　　　　　2. 贝蒂纳火鸡

六、珍珠鸡

引入品种

　珍珠鸡

七、雉鸡

（一）地方品种

1. 中国山鸡　　　　　　　　2. 天峨六画山鸡

（二）培育品种

1. 左家雉鸡　　　　　　　　2. 申鸿七彩雉

（三）引入品种

　美国七彩山鸡

八、鹧鸪

引入品种

　鹧鸪

九、番鸭

（一）地方品种

　中国番鸭

（二）培育配套系

　温氏白羽番鸭1号

（三）引入品种

　番鸭

（四）引入配套系

克里莫番鸭

十、绿头鸭

引入品种

绿头鸭

十一、鸵鸟

引入品种

1. 非洲黑鸵鸟
2. 红颈鸵鸟
3. 蓝颈鸵鸟

十二、鸸鹋

引入品种

鸸鹋

十三、水貂（非食用）

（一）培育品种

1. 吉林白水貂
2. 金州黑色十字水貂
3. 山东黑褐色标准水貂
4. 东北黑褐色标准水貂
5. 米黄色水貂
6. 金州黑色标准水貂
7. 明华黑色水貂
8. 名威银蓝水貂

（二）引入品种

1. 银蓝色水貂
2. 短毛黑色水貂

十四、银狐（非食用）

引入品种

1. 北美赤狐
2. 银黑狐

十五、北极狐（非食用）

引入品种

北极狐

十六、貉（非食用）

（一）地方品种

乌苏里貉

（二）培育品种

吉林白貉

参 考 文 献

杜立新，2003. 关于中国地方畜禽品种的评价与保护的若干思考. 中国畜牧兽医，30（2）：3-6.

冯政，刘贵生，武华玉，等，2011. 藏绵羊 mtDNA D-loop 区的长度异质性研究. 湖北农业科学，50（17）：3577-3580.

管松，何晓红，浦亚斌，等，2007. 中国西南地区 5 个地方绵羊群体 mtDNA 遗传多样性及系统进化研究. 畜牧兽医学报，38（3）：219-224.

郭彦斌，刘丑生，王慧，等，2012. 利用 mtDNA D-loop 区研究中国 10 个绵羊品种的遗传多样性与起源. 农业生物技术学报，20（7）：799-806.

国家畜禽遗传资源委员会组，2011. 中国畜禽遗传资源志·羊志. 北京：中国农业出版社.

国家畜禽遗传资源委员会组，2011. 中国畜禽遗传资源志·猪志. 北京：中国农业出版社.

贾斌，陈杰，赵茹茜，等，2003. 新疆 8 个绵羊品种遗传多样性和系统发生关系的微卫星分析. 遗传学报，30（9）：847-854.

李祥龙，张增利，巩元芳，等，2006. 我国主要地方绵羊品种 mtDNA D-loop 区 PCR-RFLP 研究. 遗传，28（2）：165-170.

马宁，2004. 养羊业的引种和种性资源保护与利用. 吉林畜牧兽医（1）：1-4.

马月辉，2005. 边际多样性方法及其在绵羊品种保护中的应用. 生物多样性，13（1）：70-74.

马月辉，吴常信，2001. 畜禽遗传资源受威胁程度评价. 家畜生态，22（2）：8-13.

毛永江，杨章平，Tamina P，等，2006. 边际多样性分析方法在中国黄牛品种保护中的应用. 中国牛业科学，7（suppl. 32）：113-120.

牛华锋，陈玉林，任战军，等，2011. 中国绵羊品种 mtDNA 遗传多态性与系统进化研究. 中国农学通报，27（17）：21-25.

盛志廉，2005. 论家畜保种. 当代畜禽养殖业，6：25-27.

王健民，薛达元，徐海根，等，2004. 遗传资源经济价值评价研究. 农村生态环境，20（1）：73-77.

吴常信，2007. 对我国畜禽遗传资源管理中几个问题的讨论. 中国畜禽种业，3（7）：16-18.

吴晓云，阎萍，梁春年，等，2012. 牛 RHOQ 基因的电子克隆与生物信息学分析. 生物技术通报，6：116-121.

赵倩君，关伟军，郭军，等，2008. 中国 7 个绵羊品种 mtDNA D-loop 区序列的系统发育与起源研究. 畜牧兽医学报，39（4）：417-422.

赵倩君，马月辉，2007. 边际多样性方法在中国猪种保护资金分配中的应用. 生物多样性，15（1）：70-76.

赵兴波，储明星，等，2001. 绵羊线粒体 DNA 控制区 5′端序列 PCR-SSCP 与序列分析. 遗传学报（3）：225-228.

Andersson L，M Georges，2004. Domestic-animal genomics：deciphering the genetics of complex traits. Nat Rev Genet，5：202-212.

Bandelt H J, Forster P, Röhl A, 1999. Median - joining networks for inferring intraspecific phylogenies. Mol Biol Evol, 16: 37 - 48.

Bjornstad D J, Kahn J R, 1999. The contingent valuation of environmental resources: methodological issues and research needs. Cheltenham: Edward Elgar Publishing Limited.

Bräuer, 2003. Money as an indicator: to make use of economic evaluation for biodiversity conservation. Agriculture, Ecosystems and Enviroment, 98: 483 - 491.

Bruford M W, Bradley D G, Luikart G, 2003. DNA markers reveal the complexity of livestock domestication. Nature Rev Genet, 3: 900 - 910.

Charlier C, et al, 2001. The callipyge mutation enhances the expression of coregulated imprinted genes in cis without affecting their imprinting status. Nature Genet, 27: 367 - 369.

Chen S Y, Duan Z Y, Sha T, et al., 2006. Origin, genetic diversity, and population structure of Chinese domestic sheep. Gene, 376 (2): 216 - 223.

Chen S Y, Su Y H, Wu S F, et al., 2005. Mitochondrial diversity and phylogeographic structure of Chinese domestic goats. Mol Phylogenet Evol, 37: 804 - 814.

Chessa B, Pereira F, Arnaud F, et al., 2009. Revealing the history of sheep domestication using retrovirus integrations. Science, 324 (24): 532 - 536.

Cicia G, D'Ercole, Marino D, 2003. Costs and benefits of preserving farm animal genetic resources from extinction: CVM and bio - economic model for valuing a conservation program for the Italian Pentro horse. Ecological Economics (45): 445 - 459.

Douzer E, Randi E, 1997. The miochondrial control region of cervidae: evolutionary patterns and phylogenetic content. Mol Biol Evol, 14 (11): 1154 - 1166.

Drucker A, Gomez V, Anderson S, 2001. The economic valuation of farm animal genetic resources: a survey of available method. Ecological Economics, 36 (1): 1 - 18.

Eduard Akhunov, Charles Nicolet, Jan Dvorak, et al., 2009. Single nucleotide polymorphism genotyping in polyploid wheat with the Illumina GoldenGate assay. Theor Appl Genet, 119 (3): 507 - 517.

Flori L, Fritz S, Jaffre'zic F, et al., 2009. The genome response to artificial selection: a case study in dairy cattle. PLoS ONE, 4: e6595. doi: 10. 1371/journal. pone. 0006595.

Freking B A, et al., 2002. Identification of the single base change causing the callipyge muscle hypertrophy phenotype, the only known example of polar overdominance in mammals. Genome Res, 12: 1496 - 1506.

Galloway S M, et al., 2000. Mutations in an oocyte - derived growth factor gene (BMP15) cause increased ovulation rate and infertility in a dosage - sensitive manner. Nature Genet, 25: 279 - 283.

Gautier M, Naves M, 2011. Footprints of selection in the ancestral admixture of a New World Creole cattle breed. Mol Ecol, 15: 3128 - 3143.

Giblin L, Butler S T, Kearney B M, et al., 2010. Association of bovine leptin polymorphisms with energy output and energy storage traits in progeny tested Holstein - Friesian dairy cattle sires. BMC Genet, 11: 73.

Giuffra E, et al., 2002. A large duplication associated with dominant white color in pigs originated by homologous recombination between LINE elements flanking KIT. Mamm Genome, 13: 569 - 577.

Grobet L, et al., 1998. Molecular definition of an allelic series of mutations disrupting the myostatin function and causing double – muscling in cattle. Mamm Genome，9：210 – 213.

Grobet L，et al.，1997. A deletion in the bovine myostatin gene causes the double – muscled phenotype in cattle. Nature Genet，17：71 – 74.

Guo J，Du L X，Ma Y H，et al.，2005. A novel maternal lineage revealed in sheep（Ovis aries）. Animal Genetics，36：331 – 336.

Hasler – Rapacz J，et al.，1998. Identification of a mutation in the low density lipoprotein receptor gene associated with recessive familial hypercholesterolemia in swine. Am J Med Genet，76：379 – 386.

Hayes B J，Visscher P M，McPartlan H C，et al.，2003. Novel multilocus measure of linkage disequilibrium to estimate past effective population size. Genome Res，13：635 – 643.

Heasman S J，Ridley A J，2008. Mammalian Rho GTPase：new insights into their functions from in vivo studies. Nature Review Molecular Cell biology，9（9）：690 – 701.

Hiendleder S，Kaupe B，Wassumth R A，et al.，2002. Molecular analysis of wild and domestic sheep questions current nomenclature and provides evidence for domestication from two different subspecies. Proceedings of the Royal Society of London Series B Biological Science，269：893 – 904.

Hiendleder S，Mainz K，Plante Y，1998. Analysis of mitochondrial DNA indicates that domestic sheep are derived from two different ancestral maternal sources：no evidence for contributions from urial and argali sheep. Journal of Heredity，89：113 – 120.

Johnston S E，Gratten J，Bereons C，et al.，2013. Life history trade – offs at a single locus maintain sexually selected genetic variation. Nature，502：93 – 95.

Johnston S E，McEwan J C，Pickering N K，et al.，2011. Genome – wide association mapping identifies the genetic basis of discrete and quantitative variation in sexual weaponry in a wild sheep population. Mol Ecol，20：2555 – 2566.

Kambadur R，Sharma M，Smith T P，et al.，1997. Mutations in myostatin（GDF8）in double – muscled Belgian Blue and Piedmontese cattle. Genome Res，7：910 – 916.

Kerje S，2003. Mapping genes affecting phenotypic traits in chicken. Thesis：Uppsala Univ.

Kerje S，Lind J，Schütz K，et al.，2003. Melanocortin 1 – receptor（MC1R）mutations are associated with plumage colour in chicken. Animal Genetics，34：241 – 248.

Kijas J M H，et al.，1998. Melanocortin receptor 1（MC1R）mutations and coat color in pigs. Genetics，150：1177 – 1185.

Kirkness E F，Bafna V，Halpern A L，2003. The dog genome：survey sequencing and comparative analysis. Science，301（5641）：1898 – 1903.

Klungland H，Vage D I，Gomez – Raya L，et al.，1995. The role of melanocyte – stimulating hormone（MSH）receptor in bovine coat color determination. Mamm Genome，6：636 – 639.

Lawson – Handley L J，Byrne K，Santucci F，et al.，1999. The sleep disorder canine narcolepsy is caused by a mutation in the hypocretin（orexin）receptor 2 gene. Cell，98：365 – 376.

Loomis J B，Walsh R G，1997. Recreation economic decisions：Comparing benefits and costs. 2nd. Andover M A：Venture publishing Inc.

Loomis J B，1999. Contingent valuation methodology and the US institutional framework//Bateman I J，Willis K G. Valuing environmental preferences：theory and practice of the contingent valuation method in the US, EU and Developing countries. New York: Oxford University Press, 613 – 627.

Lundén A, Marklund S, Gustafsson V, et al., 2003. A nonsense mutation in the FMO3 gene underlies fishy off – flavor in cow's milk. Genome Res, 12: 1885 – 1888.

Magee D A, Sikora K M, Berkowicz E W, et al., 2010. DNA sequence polymorphisms in a panel of eight candidate bovine imprinted genes and their association with performance traits in Irish Holstein – Friesian cattle. BMC Genet, 11: 93.

Mariat D, Taourit S, Guerin G A, 2003. Mutation in the MATP gene causes the cream coat colour in the horse. Genet Sel Evol, 35: 119 – 133.

Marklund S, et al., 1998. Molecular basis for the dominant white phenotype in the domestic pig. Genome Res, 8: 826 – 833.

Matthew E R, Matthew S F, Antigone S D, et al., 2010. Data analysis issues for allele – specific expression using Illumina's GoldenGate assay. BMC Bioinformatics (11): 280.

McPherron A C, Lee S J, 1997. Double muscling in cattle due to mutations in the myostatin gene. Proc Natl Acad Sci USA, 94: 12457 – 12461.

Meadows J R, Cemal I, Karaca O, et al., 2007. Five ovine mitochondrial lineages identified from sheep breeds of the near East. Genetics, 175: 1371 – 1379.

Meadows J R, Hanotte O, Drögemüller C, et al., 2006. Globally dispersed Y chromosomal haplotypes in wild and domestic sheep. Anim Genet, 37 (5): 444 – 453.

Meadows J R, Hiendleder S, Kijas J W, 2011. Haplogroup relationships between domestic and wild sheep resolved using a mitogenome panel. Heredity, 106: 700 – 706.

Meadows J R, Kijas J W, 2009. Re – sequencing regions of the ovine Y chromosome in domestic and wild sheep reveals novel paternal haplotypes. Anim Genet, 40 (1): 119 – 123.

Meijerink E, et al., 2000. A DNA polymorphism influencing alpha (1, 2) fucosyltransferase activity of the pig FUT1 enzyme determines susceptibility of small intestinal epithelium to Escherichia coli F18 adhesion. Immunogenet, 52: 129 – 136.

Metallinos D L, Bowling A T, Rine J, 1998. A missense mutation in the endothelin – B receptor gene is associated with Lethal White Foal Syndrome: an equine version of Hirschsprung disease. Mamm Genome, 9: 426 – 431.

Milan D, et al., 2000. A mutation in PRKAG3 associated with excess glycogen content in pig skeletal muscle. Science, 288: 1248 – 1251.

Mitchell D C, Carson R T, 1989. Using surveys to value public goods: the contingent valuation method. Washington D C: Resources for the future.

Morris C A, Pitchford W S, Cullen N G, et al., 2009. Quantitative trait loci for live animal and carcass composition traits in Jersey and Limousin back – cross cattle finished on pasture or feedlot. Animal genetics, 40 (5): 648 – 654.

Mukesh M, Sodhi M, Bhatia S, 2006. Microsatellite – based diversity analysis and genetic relationships of three Indian sheep breeds. J Anim Breed Genet, 123: 258 – 264.

Mulsant P, et al., 2001. Mutation in bone morphogenetic protein receptor – IB is associated with increased ovulation rate in Booroola Merino ewes. Proc Natl Acad Sci USA, 98: 5104 – 5109.

Nicholson G，Smith A V，Jonsson F，et al.，2002. Assessing population differentiation and isolation from single - nucleotidepolymorphism data. J R Stat Soc Series B Stat Methodol，64：695 - 715.

Niemi M，Bläuer A，Iso - Touru T，et al.，2013. Mitochondrial DNA and Y - chromosomal diversity in ancient populations of domestic sheep（Ovis aries）in Finland：comparison with contemporary sheep breeds. Genetics Selection Evolution，45：2.

Oldenbroek K，2007. Utilisation and conservation of farm animal genetic resources. The Netherlands：Wageningen Academic Publishers.

Pailhoux E，et al.，2001. A 11. 7 - kb deletion triggers intersexuality and polledness in goats. Nature Genet，29：453 - 458.

Patterson N，Price A L，Reich D，2006. Population structure and eigenanalysis. PLoS Genet，2：e190. doi：10. 1371/journal. pgen. 0020190.

Peter C，Bruford M，Perez T，et al.，2006. Genetic diversity and subdivision of 57 European and Middle - Eastern sheep breeds. Animal Genetics，38：37 - 44.

Santschi E M，et al，1998. Endothelin receptor B polymorphism associated with lethal white foal syndrome in horses. Mamm Genome，9：306 - 309.

Schmutz S M，Berryere T G，Ellinwood N M，et al.，2003. MC1R studies in dogs with melanistic mask or brindle patterns. J Hered，94：69 - 73.

Solomon G，Komen H，Hanote O，et al.，2011. Characterization and conservation of indigenous sheep genetic resources：A practical framework for developing countries. Nairobi：ILRI.

Stella A，Ajmone - Marsan P，Lazzari B，et al.，2010. Identification of selection signatures in cattle breeds selected for dairy production. Genetics，185：1451 - 1461.

Szpiech Z A，Jackobson N A，Rosenberg N A，2008. ADZE：a rarefaction approach for counting alleles private to combinations of populations. Bioinformatics，24：2498 - 2504.

Tapio I，Tapio M，Grislis Z，et al.，2005. Unfolding of population structure in Baltic sheep breeds using microsatellite analysis. Heredity，94：448 - 456.

Tobita - Teramoto T，et al.，2000. Autosomal albino chicken mutation（c（a）/c（a））deletes hexanucleotide（- DeltaGACTGG817）at a copper - binding site of the tyrosinase gene. Poult Sci，79：46 - 50.

Troy C S，et al.，2001. Genetic evidence for Near - Eastern origins of European cattle. Nature，410：1088 -1091.

Wade C M，Giulotto E，Sigurdsson S，et al.，2009. Genome sequence，comparative analysis，and population genetics of the domestic horse. Science，326：865 - 867.

Wang X，Ma Y H，Chen H，et al.，2007. Genetic and phylogenetic studies of Chinese native sheep breeds（Ovis aries）based on mtDNA D - loop sequences. Small Ruminant Research，72：232 - 236.

Weitzman M L，1992. On diversity. Quarterly Journal of Economics，CVⅡ：363 - 405.

Zeder M A，2008. Domestication and early agriculture in the Mediterranean Basin：Origins，diffusion，and impact. Proc Natl Acad Sci USA，105：11597 - 11604.

Zhi - Liang H，Carissa A P，Xiao - Lin Wu，2013. Animal QTLdb：an improved database tool for livestock animal QTL/association data dissemination in the post - genome era. Nucleic Acids Research，41（D1）：D871 - D879.